Eva-Maria Bablick/Michael Tschakert

# Wer wird Kopfrechen-Champion?

Täglich 10 Min. lehrplanbezogen Kopfrechnen!

5./6. Klasse

Kopiervorlagen mit Lösungen

BRIGG VERLAG

Gedruckt auf umweltbewusst gefertigtem, chlorfrei gebleichtem
und alterungsbeständigem Papier.

2. Auflage 2021

Layout/Satz: PrePress-Salumae.com, Kaisheim

ISBN 978-3-95660-**186**-6

www.brigg-verlag.de

KOPFRECHEN CHAMPION

# WER WIRD KOPFRECHEN-CHAMPION?

## Wozu Kopfrechnen?

- Kopfrechnen ist „in" und wird in Schulleistungstests, Abschlussprüfungen und Einstellungstests geprüft.
- Kopfrechnen steigert die Konzentration, fördert die Gedächtnisleistung und ist Grundvoraussetzung für alle mathematischen Denkoperationen.
- Kopfrechnen ist das „Warming up" für die Mathematikstunde.

## Warum „Wer wird Kopfrechenchampion?"

- Die Blätter haben einen hohen Aufforderungscharakter durch die Anlehnung an beliebte Quizsendungen aus dem Fernsehen mit 4 Auswahlmöglichkeiten und Option eines Jokers.
- Mögliche Variationen steigern die Motivation.
- Die optimale Passung durch eine Niveausteigerung garantiert hohen Lernzuwachs.
- Der Lehrer kann sich in der Kopfrechenphase „zurücklehnen" und auf die kommende Stunde konzentrieren.
- Die Aufgaben sind derart variantenreich angelegt, sodass der Zusammenhang zwischen Operation und Gegenoperation (Reversibilität) klar wird und so ein operatives Durchdringen der Aufgaben ermöglicht wird.
- Der Bewertungsbogen mit Leistungskurve zeigt den Schülern den Leistungsstand.

## Die Inhalte

- Grundrechenarten mit rationalen Zahlen (ganze Zahlen, Brüche, negative Zahlen)
- Rechenregeln („Punkt vor Strich", „Klammern zuerst")
- Umrechnungen bei Maßangaben
- Formeln der Geometrie
- Bonusmaterial zu mathematisch relevanten Phänomenen

## Wie werden die Blätter eingesetzt?

- als Folie auf dem Tageslichtprojektor oder
- als kopiertes Arbeitsblatt oder
- als Hausaufgabe oder
- zur Freiarbeit oder
- zur Differenzierung oder
- als tägliches Gehirnjogging oder
- zur Sicherung von Gelerntem oder
- als Extemporale. Hier wird die Korrekturarbeit erleichtert, da die Schüler ihre (vorher untereinander getauschten) Extemporalen selbst korrigieren können.

## Vorschlag zur Bewertung:

| | | | |
|---|---|---|---|
| 0 | Fehler | = | 1 |
| 1-2 | Fehler | = | 2 |
| 3-4 | Fehler | = | 3 |
| 5-6 | Fehler | = | 4 |
| 7-9 | Fehler | = | 5 |
| 10-15 | Fehler | = | 6 |

## Welche Variationen gibt es?

Sie können:

- die Schüler/innen Joker nehmen lassen:

**Beispiel: Partnerjoker**

Jeder Schüler hat einen Partnerjoker, den er nur 1 Mal einsetzen darf. Setzt man den Partnerjoker, darf man leise aufstehen, zu einem Mitschüler seiner Wahl gehen und ein Ergebnis erfragen.

**Beispiel: Klassenjoker**

Ein Schüler steht auf und fragt die ganze Klasse nach einem Ergebnis: „Ich bin bei der 4000 € Aufgabe. Wer von euch ist für A, wer für B...."

**Beispiel: Lehrerjoker**

Ein Schüler geht zum Lehrer und fragt um Rat, bzw. lässt sich einen Tipp geben oder lässt 2 falsche Lösungen streichen.

- ein Zeitlimit (z.B. 10 Minuten) vorgeben.
- mit der leeren Maske selbst auf Ihre Klasse abgestimmte Aufgaben formulieren.
- Ihre Klasse eigene Kopfrechenblätter erfinden lassen.
- gute Schüler belohnen, in dem sie das erspielte Geld gegen Süßigkeiten oder Hausaufgabengutscheine einlösen können.

# GLIEDERUNG / INHALT

## ▶ 1 • NATÜRLICHE ZAHLEN



## ▶ 2 • GRUNDRECHENARTEN



## ▶ 3 • TERME UND GLEICHUNGEN



## ▶ 4 • BRUCHZAHLEN



## ▶ 5 • DEZIMALBRÜCHE

# GLIEDERUNG / INHALT

KOPFRECHEN CHAMPION

Name

Blatt 1

# Natürliche Zahlen

**50 €**

Wie heißt der Nachfolger von 99?

| | |
|---|---|
| A 98 | B 101 |
| C 100 | D 990 |

**100 €**

Wie heißt der Vorgänger von 50?

| | |
|---|---|
| A 51 | B 49 |
| C 40 | D 60 |

**200 €**

Welche Zahl liegt zwischen 1.112 und 1.114?

| | |
|---|---|
| A 1.013 | B 1.111 |
| C 1.115 | D 1.113 |

**300 €**

Wie heißt der Nachfolger von 1.214.319?

| | |
|---|---|
| A 1.214.329 | B 1.214.320 |
| C 1.214.419 | D 1.214.400 |

**500 €**

Welche Zahl liegt genau zwischen 924 und 928?

| | |
|---|---|
| A 927 | B 926 |
| C 930 | D 925 |

**1.000 €**

Welche Zahl ist größer als 11.111?

| | |
|---|---|
| A 1.398 | B 9.999 |
| C 11.210 | D 11.011 |

**2.000 €**

Suche die Zahl achttausendneunundsechzig.

| | |
|---|---|
| A 8.069 | B 8.096 |
| C 8.890 | D 8.609 |

**4.000 €**

Welche Zahl ist kleiner als 333.101?

| | |
|---|---|
| A 333.110 | B 343.101 |
| C 333.111 | D 332.999 |

**8.000 €**

Wie schreibt man 84?

| | |
|---|---|
| A fierundachtzig | B vierundachzig |
| C vierundachtzig | D vierundachdzig |

**16.000 €**

Wie heißt der Nachfolger von 40.039.009?

| | |
|---|---|
| A 40.039.019 | B 40.039.010 |
| C 40.030.000 | D 40.040.000 |

**32.000 €**

Wie heißt der Vorgänger von 1.010.100?

| | |
|---|---|
| A 1.019.100 | B 1.010.099 |
| C 1.010.999 | D 1.010.010 |

**64.000 €**

Wie viele Nullen hat 1 Billion?

| | |
|---|---|
| A 9 | B 12 |
| C 15 | D 10 |

**125.000 €**

Wie viele Nullen haben zehn Millionen?

| | |
|---|---|
| A 6 | B 8 |
| C 9 | D 7 |

**500.000 €**

Welche Zahl liegt genau zwischen 24 und 36?

| | |
|---|---|
| A 30 | B 32 |
| C 31 | D 29 |

**1.000.000 €**

Welche Zahl liegt genau zwischen 3.420 und 4.626?

| | |
|---|---|
| A 4.021 | B 4.024 |
| C 4.108 | D 4.023 |

KOPFRECHEN CHAMPION

Name ______________________ Blatt 2

## Natürliche Zahlen

**50 €**

Wie heißt der Nachfolger von 1.000?

| | |
|---|---|
| A 999 | B 10.000 |
| C 1.010 | D 1.001 |

**100 €**

Wie heißt der Vorgänger von 211?

| | |
|---|---|
| A 210 | B 201 |
| C 212 | D 2.101 |

**200 €**

Welche Zahl liegt zwischen 10.222 und 10.224?

| | |
|---|---|
| A 10.213 | B 10.321 |
| C 10.223 | D 10.225 |

**300 €**

Wie heißt der Nachfolger von 2.394.629?

| | |
|---|---|
| A 2.394.630 | B 2.494.630 |
| C 2.394.621 | D 2.394.730 |

**500 €**

Welche Zahl liegt genau zwischen 1.130 und 1.134?

| | |
|---|---|
| A 1.131 | B 1.133 |
| C 1.030 | D 1.132 |

**1.000 €**

Welche Zahl ist größer als 13.469.999?

| | |
|---|---|
| A 12.999.999 | B 13.469.000 |
| C 13.470.000 | D 13.450.000 |

**2.000 €**

Suche die Zahl eintausendzweihundertvierzehn.

| | |
|---|---|
| A 1.214 | B 1.124 |
| C 2.214 | D 1.241 |

**4.000 €**

Welche Zahl ist kleiner als 901.901?

| | |
|---|---|
| A 902.001 | B 900.999 |
| C 910.000 | D 932.999 |

**8.000 €**

Wie schreibt man 94?

| | |
|---|---|
| A vierundneundzig | B vierundneunzig |
| C fierundneunzig | D vierundneuntzig |

**16.000 €**

Wie heißt der Nachfolger von 100.000.109?

| | |
|---|---|
| A 100.000.200 | B 100.100.019 |
| C 100.000.108 | D 100.000.110 |

**32.000 €**

Wie heißt der Vorgänger von 212.009?

| | |
|---|---|
| A 212.010 | B 212.008 |
| C 212.000 | D 212.001 |

**64.000 €**

Wie viele Nullen hat 1 Milliarde?

| | |
|---|---|
| A 7 | B 6 |
| C 8 | D 9 |

**125.000 €**

Wie viele Nullen haben zehn Milliarden?

| | |
|---|---|
| A 10 | B 9 |
| C 8 | D 11 |

**500.000 €**

Welche Zahl liegt genau zwischen 48 und 60?

| | |
|---|---|
| A 52 | B 53 |
| C 55 | D 54 |

**1.000.000 €**

Welche Zahl liegt genau zwischen 1.924 und 2.130?

| | |
|---|---|
| A 2.026 | B 1.999 |
| C 2.027 | D 2.101 |

KOPFRECHEN CHAMPION

Name



## Natürliche Zahlen

**50 €** – 3Z 4E in Ziffern sind?

A 43 | B 340 | C 34 | D 304

**100 €** – 1H 2Z 9E in Ziffern sind?

A 192 | B 1.092 | C 1.029 | D 129

**200 €** – 3T 2H 9Z 1E in Ziffern sind?

A 3.291 | B 3.219 | C 30.291 | D 3.290

**300 €** – 294 als Stellenwert?

A 2T 9E 4Z | B 2H 94Z | C 2H 9Z 4E | D 29 E 47

**500 €** – 1.001 als Stellenwert?

A 1H 1E | B 1ZT 1E | C 1H 1Z | D 1T 1E

**1.000 €** – 90.455 als Stellenwert?

A 9ZT 4H 5Z 5E | B 90ZT 45E | C 9ZT 45H 5Z | D 9HT 4ZT 55E

**2.000 €** – 9M 8HT in Ziffern sind?

A 9.080.000 | B 9.800.000 | C 980.000 | D 9.008.000

**4.000 €** – 8M 7HT 6ZT 4T in Ziffern sind?

A 8.760.400 | B 8.674.000 | C 8.764.000 | D 87.460.000

**8.000 €** – 1.000.000.300 als Stellenwert?

A 1M 3H | B 1M 3E | C 1B 3H | D 1Mrd 3H

**16.000 €** – 91.000.000.000 als Stellenwert?

A 9ZMrd 1Mrd | B 91M | C 9Mrd 1M | D 9B 1Mrd

**32.000 €** – 2Mrd 1M 4HT in Ziffern sind?

A 2.014.000.000 | B 2.001.400.000 | C 241.000.000 | D 214.000.000

**64.000 €** – Zur Million fehlen bei 7 HT?

A 3ZT | B 300 | C 3HT | D 3.000

**125.000 €** – 3T 4H 2Z • 10

A 3.420 | B 30.420 | C 300.420 | D 34.200

**500.000 €** – 3 • 4H 9Z 1E

A 1.347 | B 1.473 | C 1.570 | D 14.370

**1.000.000 €** – 20 • 4M 5 HT 1ZT

A 92.000.000 | B 9.020.000 | C 90.200.000 | D 8.900.000

KOPFRECHEN CHAMPION

Name Blatt 4

## Natürliche Zahlen

**50 €**
4Z 9E in Ziffern sind?

| | |
|---|---|
| A 409 | B 49 |
| C 94 | D 904 |

**100 €**
8H 3Z 1E in Ziffern sind?

| | |
|---|---|
| A 381 | B 8.031 |
| C 3.801 | D 831 |

**200 €**
5T 3H 1E in Ziffern sind?

| | |
|---|---|
| A 50.301 | B 5.031 |
| C 5.301 | D 1.530 |

**300 €**
324 als Stellenwert?

| | |
|---|---|
| A 3H 2Z 4E | B 3H 24Z |
| C 2H 9Z 4E | D 3ZT 2H |

**500 €**
9.400 als Stellenwert?

| | |
|---|---|
| A 9T 4Z | B 94 E |
| C 9ZT 4H | D 9T 4H |

**1.000 €**
80.055 als Stellenwert?

| | |
|---|---|
| A 8T 5H 5E | B B 8 H 55 E |
| C 8ZT 5Z 5E | D 8HT 5Z 5E |

**2.000 €**
7M 6HT in Ziffern sind?

| | |
|---|---|
| A 70.600.00 | B 760.000 |
| C 7.600.000 | D 700.600 |

**4.000 €**
1M 6HT 7ZT 1T in Ziffern sind?

| | |
|---|---|
| A 176.700 | B 16.710.000 |
| C 1.761.000 | D 1.671.000 |

**8.000 €**
9.000.000.020 als Stellenwert?

| | |
|---|---|
| A 9M 2Z | B 9B 2E |
| C 9Mrd 2E | D 9Mrd 2Z |

**16.000 €**
79.000.000.000 als Stellenwert?

| | |
|---|---|
| A 7ZMrd 9Mrd | B 79M |
| C 7Mrd 9M | D 7B 9Mrd |

**32.000 €**
8Mrd 7M 1HT in Ziffern sind?

| | |
|---|---|
| A 807.100.000 | B 871.000.000 |
| C 8.007.100.000 | D 800.701.000 |

**64.000 €**
Zur Million fehlen bei 6 HT 5ZT?

| | |
|---|---|
| A 3HT | B 3 HT 5ZT |
| C 3 HT 5T | D 3.500 |

**125.000 €**
4T 4H 9Z • 10

| | |
|---|---|
| A 44.900 | B 49.400 |
| C 449.000 | D 440.900 |

**500.000 €**
5 • 1H 8Z 3E

| | |
|---|---|
| A 9.120 | B 9.012 |
| C 890 | D 915 |

**1.000.000 €**
30 • 3M 8 HT 2ZT

| | |
|---|---|
| A 116.400.000 | B 980.000.000 |
| C 114.600.000 | D 117.800.000 |

KOPFRECHEN CHAMPION

Name

Blatt 5

## Natürliche Zahlen

**50 €**

Runde auf Zehner
11

| | |
|---|---|
| A 110 | B 0 |
| C 10 | D 100 |

**100 €**

Runde auf Zehner
15

| | |
|---|---|
| A 10 | B 150 |
| C 200 | D 20 |

**200 €**

Runde auf Hunderter
120

| | |
|---|---|
| A 100 | B 200 |
| C 150 | D 1.200 |

**300 €**

Runde auf Hunderter
850

| | |
|---|---|
| A 800 | B 850 |
| C 1.000 | D 900 |

**500 €**

Runde auf Tausender
2.011

| | |
|---|---|
| A 2.000 | B 2.100 |
| C 3.000 | D 1.500 |

**1.000 €**

Runde auf Tausender
75.690

| | |
|---|---|
| A 75.000 | B 80.000 |
| C 76.000 | D 70.000 |

**2.000 €**

Runde auf Zehntausender
641.000

| | |
|---|---|
| A 600.000 | B 640.000 |
| C 650.000 | D 700.000 |

**4.000 €**

Runde auf Zehntausender
65.900

| | |
|---|---|
| A 65.000 | B 66.000 |
| C 76.000 | D 70.000 |

**8.000 €**

Runde auf Hunderttausender
1.200.300

| | |
|---|---|
| A 1.000.000 | B 2.000.000 |
| C 1.200.000 | D 1.300.000 |

**16.000 €**

Runde auf Hunderttausender
2.505.050

| | |
|---|---|
| A 2.500.000 | B 2.550.000 |
| C 2.600.000 | D 2.510.000 |

**32.000 €**

Runde auf Millionen
235.464.500

| | |
|---|---|
| A 240.000.000 | B 235.000.000 |
| C 250.000.000 | D 235.500.000 |

**64.000 €**

Runde auf Millionen
519.559.989

| | |
|---|---|
| A 600.000.000 | B 500.000.000 |
| C 519.600.000 | D 520.000.000 |

**125.000 €**

Runde auf zehn Millionen
1.165.397.840

| | |
|---|---|
| A 1.170.000.000 | B 2.000.000.000 |
| C 1.100.000.000 | D 1.200.000.000 |

**500.000 €**

Runde auf hundert Millionen
350.505.050

| | |
|---|---|
| A 300.000.000 | B 350.000.000 |
| C 350.500.000 | D 400.000.000 |

**1.000.000 €**

Runde auf Milliarden
505.015.987.500

| | |
|---|---|
| A 500.000.000.000 | B 505.000.000.000 |
| C 600.000.000.000 | D 506.000.000.000 |

**KOPFRECHEN CHAMPION**

Name

Blatt 6

# Natürliche Zahlen

**50 €** – Runde auf Zehner 19

A 10 | B 20 | C 19 | D 100

**100 €** – Runde auf Zehner 123

A 100 | B 130 | C 200 | D 120

**200 €** – Runde auf Hunderter 9.876

A 1.000 | B 10.000 | C 9.900 | D 9.500

**300 €** – Runde auf Hunderter 950

A 1.500 | B 950 | C 1.000 | D 900

**500 €** – Runde auf Tausender 5.656

A 6.000 | B 5.000 | C 5.600 | D 5.660

**1.000 €** – Runde auf Tausender 87.435

A 800.000 | B 80.000 | C 85.000 | D 87.000

**2.000 €** – Runde auf Zehntausender 99.000

A 90.000 | B 100.000 | C 95.000 | D 99.000

**4.000 €** – Runde auf Zehntausender 76.555

A 80.000 | B 75.000 | C 76.000 | D 70.000

**8.000 €** – Runde auf Hunderttausender 2.444.563

A 2.000.000 | B 2.400.000 | C 2.440.000 | D 3.000.000

**16.000 €** – Runde auf Hunderttausender 9.777.567

A 9.700.000 | B 9.800.000 | C 1.000.000.000 | D 9.750.000

**32.000 €** – Runde auf Millionen 985.555.432

A 950.000.000 | B 986.000.000 | C 980.000.000 | D 1.000.000.000

**64.000 €** – Runde auf Millionen 657.888.651

A 659.000.000 | B 658.000.000 | C 650.000.000 | D 700.000.000

**125.000 €** – Runde auf zehn Millionen 5.455.334.980

A 5.460.000.000 | B 6.000.000.000 | C 5.560.000.000 | D 6.500.000.000

**500.000 €** – Runde auf hundert Millionen 855.500.000

A 1.000.000.000 | B 900.000.000 | C 950.500.000 | D 950.000.000

**1.000.000 €** – Runde auf Milliarden 144.554.666.444

A 200.000.000.000 | B 144.000.000.000 | C 150.000.000.000 | D 145.000.000.000

KOPFRECHEN CHAMPION

Name | Blatt 7

Natürliche Zahlen

**50 €** – Übertrage in arabische Ziffern: I

A: 10 | B: 1 | C: 0 | D: 100

**100 €** – Übertrage in arabische Ziffern: III

A: 30 | B: 300 | C: 3 | D: 3.000

**200 €** – Übertrage in arabische Ziffern: V

A: 5.000 | B: 10 | C: 50 | D: 5

**300 €** – Übertrage in römische Ziffern: 2

A: VI | B: XX | C: MM | D: II

**500 €** – Übertrage in römische Ziffern: 4

A: VI | B: IIII | C: XXXX | D: IV

**1.000 €** – Übertrage in römische Ziffern: 10

A: VV | B: X | C: IIIIV | D: C

**2.000 €** – Übertrage in arabische Ziffern: L

A: 10 | B: 50 | C: 100 | D: 500

**4.000 €** – Übertrage in arabische Ziffern: XI

A: 9 | B: 11 | C: 101 | D: 51

**8.000 €** – Übertrage in arabische Ziffern: CX

A: 1.010 | B: 110 | C: 60 | D: 120

**16.000 €** – Übertrage in römische Ziffern: 1.000

A: M | B: C | C: D | D: MI

**32.000 €** – Übertrage in römische Ziffern: 8

A: XIII | B: IIX | C: VIII | D: IIIV

**64.000 €** – Übertrage in römische Ziffern: 200

A: IIC | B: XX | C: CII | D: CC

**125.000 €** – Übertrage in arabische Ziffern: XVIII

A: 18 | B: 28 | C: 1.028 | D: 58

**500.000 €** – Übertrage in arabische Ziffern: MDCCV

A: 1.750 | B: 1.505 | C: 10.705 | D: 1.705

**1.000.000 €** – Übertrage in arabische Ziffern: MMMCCXLVI

A: 3.296 | B: 3.246.000 | C: 30.296 | D: 3.246

# KOPFRECHEN CHAMPION

Name

Blatt 8

## Natürliche Zahlen

**50 €**

Übertrage in arabische Ziffern
IV

| | |
|---|---|
| A 6 | B 14 |
| C 4 | D 9 |

**100 €**

Übertrage in arabische Ziffern
XII

| | |
|---|---|
| A 22 | B 102 |
| C 12 | D 7 |

**200 €**

Übertrage in arabische Ziffern
VIII

| | |
|---|---|
| A 53 | B 8 |
| C 13 | D 103 |

**300 €**

Übertrage in römische Ziffern
7

| | |
|---|---|
| A VII | B XII |
| C IIV | D DII |

**500 €**

Übertrage in römische Ziffern
14

| | |
|---|---|
| A XIIII | B IIIIX |
| C XXIV | D XIV |

**1.000 €**

Übertrage in römische Ziffern
110

| | |
|---|---|
| A MX | B XX |
| C CX | D CCX |

**2.000 €**

Übertrage in arabische Ziffern
LIV

| | |
|---|---|
| A 104 | B 56 |
| C 1.004 | D 54 |

**4.000 €**

Übertrage in arabische Ziffern
XCIII

| | |
|---|---|
| A 93 | B 103 |
| C 303 | D 1.030 |

**8.000 €**

Übertrage in arabische Ziffern
MCCI

| | |
|---|---|
| A 1.201 | B 1.100 |
| C 701 | D 1.200.001 |

**16.000 €**

Übertrage in römische Ziffern
1.111

| | |
|---|---|
| A MCXI | B CMMXI |
| C DMXI | D CXMI |

**32.000 €**

Übertrage in römische Ziffern
2.500

| | |
|---|---|
| A XMM | B MMD |
| C IID | D LLD |

**64.000 €**

Übertrage in römische Ziffern
959

| | |
|---|---|
| A LMLIX | B VIVLIX |
| C IMLIX | D CMLIX |

**125.000 €**

Übertrage in arabische Ziffern
CDXLII

| | |
|---|---|
| A 452 | B 552 |
| C 456 | D 442 |

**500.000 €**

Übertrage in arabische Ziffern
LXVII

| | |
|---|---|
| A 76 | B 570 |
| C 560 | D 67 |

**1.000.000 €**

Übertrage in arabische Ziffern
MMCMXLIX

| | |
|---|---|
| A 2.949 | B 2.877 |
| C 1.944 | D 3.949 |

KOPFRECHEN CHAMPION

Name



## Natürliche Zahlen

**50 €**

Wie heißt der Nachfolger von 5.679?

| | |
|---|---|
| A 5.670 | B 5.680 |
| C 6.000 | D 5.690 |

**100 €**

Wie heißt der Vorgänger von 1.000?

| | |
|---|---|
| A 1.001 | B 900 |
| C 999 | D 995 |

**200 €**

Welche Zahl liegt zwischen 1.123 und 1.125?

| | |
|---|---|
| A 1.120 | B 1.230 |
| C 1.115 | D 1.124 |

**300 €**

Übertrage in römische Ziffern 9

| | |
|---|---|
| A VIIII | B IX |
| C IC | D DI |

**500 €**

Übertrage in römische Ziffern 101

| | |
|---|---|
| A CXI | B MI |
| C LI | D CI |

**1.000 €**

Übertrage in arabische Ziffern CCIX

| | |
|---|---|
| A 209 | B 2.009 |
| C 205 | D 24 |

**2.000 €**

Übertrage in arabische Ziffern CLIV

| | |
|---|---|
| A 5.104 | B 541 |
| C 254 | D 154 |

**4.000 €**

Suche die Zahl elftausendeinhundertvierundzwanzig

| | |
|---|---|
| A 111.124 | B 11.024 |
| C 11.124 | D 11.120 |

**8.000 €**

Welche Zahl ist größer als 10.010.010?

| | |
|---|---|
| A 10.100.000 | B 10.000.900 |
| C 10.009.000 | D 9.999.999 |

**16.000 €**

Übertrage in römische Ziffern 2.304

| | |
|---|---|
| A MCCCIV | B MMCCCIV |
| C DDCCCV | D CCMIV |

**32.000 €**

Welche Zahl liegt genau zwischen 564 und 580?

| | |
|---|---|
| A 574 | B 572 |
| C 576 | D 575 |

**64.000 €**

923.001 als Stellenwert

| | |
|---|---|
| A 92H 3Z 1E | B 9ZT 3T 2E |
| C 9HT 2ZT 3T 1E | D 923H 1Z |

**125.000 €**

4T 3H 2Z • 10

| | |
|---|---|
| A 4.320 | B 432.000 |
| C 43.210 | D 43.200 |

**500.000 €**

5 • 3H 9Z 5E

| | |
|---|---|
| A 2.345 | B 1.975 |
| C 2.054 | D 1.875 |

**1.000.000 €**

Zur Million fehlen bei 9HT 4ZT 3H 2Z 1E

| | |
|---|---|
| A 60.120 | B 58.974 |
| C 59.679 | D 71.235 |

KOPFRECHEN CHAMPION

Name

Blatt 10

## Natürliche Zahlen

**50 €**

Wie heißt der Nachfolger von 10.124?

A 10.123 | B 11.120 | C 10.142 | D 10.125

**100 €**

Wie heißt der Vorgänger von 10.000?

A 10.001 | B 9.009 | C 999 | D 9.999

**200 €**

Welche Zahl liegt zwischen 6.789 und 6.787?

A 6.785 | B 6.780 | C 6.880 | D 6.788

**300 €**

Übertrage in römische Ziffern 17

A VII | B CIV | C XVII | D MVII

**500 €**

Übertrage in römische Ziffern 1.200

A CMM | B MII | C LII | D MCC

**1.000 €**

Übertrage in arabische Ziffern MXC

A 1.900 | B 1.090 | C 190 | D 2.900

**2.000 €**

Übertrage in arabische Ziffern DLX

A 560 | B 540 | C 1.060 | D 150

**4.000 €**

Suche die Zahl neuntausenddreihundertvier

A 90.304 | B 934 | C 9.304 | D 94.302

**8.000 €**

Welche Zahl ist größer als 90.190.810?

A 90.189.999 | B 90.200.001 | C 10.999.999 | D 56.787.444

**16.000 €**

Übertrage in römische Ziffern 1.404

A MCLIV | B MCDIV | C CDDIV | D MCCCIV

**32.000 €**

Welche Zahl liegt genau zwischen 87 und 99?

A 92 | B 94 | C 95 | D 93

**64.000 €**

804.040 als Stellenwert

A 8HT 4T 4E | B 8HT 4T 4Z | C 8T 4ZT 4E | D 80H 4ZT 4E

**125.000 €**

8H 2Z 1E • 20

A 1.642 | B 16.620 | C 16.780 | D 16.420

**500.000 €**

8 • 2H 5Z 1E

A 2.008 | B 2.080 | C 2.010 | D 1.975

**1.000.000 €**

Zur Million fehlen bei 6HT 2ZT 2H 9Z 1E

A 389.709 | B 401.254 | C 390.768 | D 379.709

KOPFRECHEN CHAMPION

Name

Blatt 11

## Grundrechenarten

**50 €**

Was heißt addieren?

A - rechnen
B + rechnen
C abziehen
D teilen

**100 €**

Das Ergebnis einer + Rechnung heißt

A Differenz
B Produkt
C Quotient
D Summe

**200 €**

Subtrahieren heißt

A dazu rechnen
B vereinfachen
C abziehen
D mal nehmen

**300 €**

17+11=

A 27
B 38
C 28
D 36

**500 €**

29+7+11=

A 46
B 47
C 48
D 44

**1.000 €**

33-9=

A 23
B 24
C 25
D 26

**2.000 €**

100-19-2=

A 78
B 79
C 80
D 121

**4.000 €**

131+21+80=

A 232
B 230
C 231
D 234

**8.000 €**

980-31-9=

A 939
B 940
C 941
D 950

**16.000 €**

2.004+38+120=

A 2.161
B 2.160
C 2.163
D 2.162

**32.000 €**

2.400-98-11 =

A 2.290
B 2.291
C 2.280
D 2.298

**64.000 €**

Addiere 34 und 123 und 234

A 390
B 391
C 291
D 398

**125.000 €**

Subtrahiere 267 von 1.100

A 830
B 832
C 833
D 732

**500.000 €**

356+675+200+24=

A 1.255
B 1.250
C 1.230
D 1.355

**1.000.000 €**

3.897-400-255-11=

A 3.230
B 3.331
C 3.451
D 3.231

**KOPFRECHEN CHAMPION**

Name

Blatt 12

## Grundrechenarten

**50 €**

Was heißt abziehen?

| | |
|---|---|
| A + rechnen | B teilen |
| C subtrahieren | D vergrößern |

**100 €**

Das Ergebnis einer -Rechnung heißt

| | |
|---|---|
| A Differenz | B Produkt |
| C Quotient | D Summe |

**200 €**

Vermindern heißt

| | |
|---|---|
| A dazu rechnen | B vereinfachen |
| C abziehen | D mal nehmen |

**300 €**

31+80=

| | |
|---|---|
| A 101 | B 110 |
| C 120 | D 111 |

**500 €**

70+26+11=

| | |
|---|---|
| A 106 | B 108 |
| C 109 | D 107 |

**1.000 €**

235-229=

| | |
|---|---|
| A 6 | B 16 |
| C 5 | D 4 |

**2.000 €**

210-80-34=

| | |
|---|---|
| A 95 | B 96 |
| C 97 | D 87 |

**4.000 €**

1.260+381+11=

| | |
|---|---|
| A 1.651 | B 1.652 |
| C 1.650 | D 1.554 |

**8.000 €**

5.000-1.200-98=

| | |
|---|---|
| A 3.700 | B 3.702 |
| C 3.603 | D 3.803 |

**16.000 €**

7.800+234+1.500+0=

| | |
|---|---|
| A 9.533 | B 9.534 |
| C 9.433 | D 10.234 |

**32.000 €**

678-222-99=

| | |
|---|---|
| A 357 | B 356 |
| C 364 | D 344 |

**64.000 €**

Addiere 67 und 223 und 230

| | |
|---|---|
| A 519 | B 510 |
| C 534 | D 520 |

**125.000 €**

Subtrahiere 46 von 28.400

| | |
|---|---|
| A 29.354 | B 28.299 |
| C 28.352 | D 28.354 |

**500.000 €**

245+675+300+24=

| | |
|---|---|
| A 1.244 | B 1.250 |
| C 1.246 | D 1.255 |

**1.000.000 €**

8.888-500-125-230=

| | |
|---|---|
| A 8.000 | B 8.033 |
| C 8.451 | D 8.022 |

KOPFRECHEN CHAMPION

Name



## Grundrechenarten

**50 €**

Was heißt dazu zählen?

| | |
|---|---|
| A + rechnen | B teilen |
| C subtrahieren | D mal nehmen |

**100 €**

110+67=

| | |
|---|---|
| A 167 | B 177 |
| C 178 | D 187 |

**200 €**

Ziehe 34 von 60 ab

| | |
|---|---|
| A 36 | B 24 |
| C 26 | D 23 |

**300 €**

39+70=

| | |
|---|---|
| A 108 | B 109 |
| C 120 | D 119 |

**500 €**

66+16+10=

| | |
|---|---|
| A 94 | B 84 |
| C 92 | D 93 |

**1.000 €**

622-30=

| | |
|---|---|
| A 592 | B 590 |
| C 588 | D 580 |

**2.000 €**

310-90-30=

| | |
|---|---|
| A 180 | B 189 |
| C 191 | D 190 |

**4.000 €**

9+45+234=

| | |
|---|---|
| A 280 | B 287 |
| C 302 | D 288 |

**8.000 €**

8.000-3.300-9=

| | |
|---|---|
| A 4.690 | B 4.691 |
| C 4.693 | D 4.694 |

**16.000 €**

8.900+12+256+4=

| | |
|---|---|
| A 9.170 | B 9.161 |
| C 9.172 | D 9.235 |

**32.000 €**

999-222-88=

| | |
|---|---|
| A 689 | B 680 |
| C 688 | D 780 |

**64.000 €**

Addiere 23 und 455 und 830

| | |
|---|---|
| A 1.306 | B 1.308 |
| C 1.208 | D 1.320 |

**125.000 €**

Subtrahiere 66 von 78.800

| | |
|---|---|
| A 78.733 | B 78.731 |
| C 78.730 | D 78.734 |

**500.000 €**

1.235+765+400+160=

| | |
|---|---|
| A 2.540 | B 2.550 |
| C 2.570 | D 2.560 |

**1.000.000 €**

19.000-660-90-122=

| | |
|---|---|
| A 18.228 | B 18.328 |
| C 18.128 | D 18.130 |

KOPFRECHEN CHAMPION

Name



## Grundrechenarten

**50 €**

10-(8+2)=

A 4 | B 0 | C 6 | D 2

**100 €**

20-(3+4+1)=

A 22 | B 12 | C 21 | D 18

**200 €**

90-(10+13+2)=

A 95 | B 66 | C 80 | D 65

**300 €**

95-(10-5)=

A 80 | B 100 | C 90 | D 70

**500 €**

100-(44-22)=

A 46 | B 52 | C 78 | D 45

**1.000 €**

460-(120-60)=

A 280 | B 400 | C 320 | D 390

**2.000 €**

60-(12+34+8)=

A 6 | B 22 | C 19 | D 99

**4.000 €**

124-(98+2+11)=

A 34 | B 36 | C 22 | D 13

**8.000 €**

1.494-(460+23+11)=

A 998 | B 1.450 | C 1.000 | D 1.380

**16.000 €**

Wo ist die Klammer unnötig?

A 19-(2+6) | B 11+(23-9) | C (10-4)-(3-2) | D 12-(1+2+3)

**32.000 €**

Nutze den Rechenvorteil!
236-(12+34+8+6)=

A 176 | B 167 | C 245 | D 256

**64.000 €**

65+67-(19-8-3)=

A 124 | B 130 | C 143 | D 239

**125.000 €**

(345-46)-(211-12)=

A 102 | B 98 | C 106 | D 100

**500.000 €**

(23+45+9)-(45-5-6)=

A 45 | B 43 | C 49 | D 102

**1.000.000 €**

(122-40)-(34-30)+(25-6)=

A 102 | B 234 | C 97 | D 87

KOPFRECHEN CHAMPION

Name



## Grundrechenarten

**50 €**

9-(6+1)=

A 4 | B 3 | C 8 | D 2

**100 €**

30-(3+4+3)=

A 21 | B 20 | C 19 | D 18

**200 €**

120-(8+5+2)=

A 105 | B 104 | C 102 | D 119

**300 €**

45-(20+4)=

A 21 | B 31 | C 28 | D 29

**500 €**

800-(33-11)=

A 787 | B 778 | C 721 | D 719

**1.000 €**

120-(67-6)=

A 60 | B 59 | C 87 | D 46

**2.000 €**

90-(12+22+8)=

A 46 | B 48 | C 47 | D 77

**4.000 €**

342-(58+2+3)=

A 279 | B 278 | C 226 | D 236

**8.000 €**

3.400-(780+23+7)=

A 2.580 | B 1.456 | C 2.590 | D 1.500

**16.000 €**

Wo ist die Klammer unnötig?

A 39-(2+6) | B 14+(345-9) | C (99-67)-(9-2) | D 34-(19+56)

**32.000 €**

Nutze den Rechenvorteil!
980-(46+38+4+2)=

A 880 | B 770 | C 890 | D 780

**64.000 €**

100+66-(20-8-6-2)=

A 160 | B 150 | C 143 | D 162

**125.000 €**

(1.200-56)-(240-12)=

A 914 | B 915 | C 1.109 | D 916

**500.000 €**

(33+67+9)-(57-5-10)=

A 60 | B 76 | C 67 | D 72

**1.000.000 €**

(180-30)-(80-22)+(55-6)=

A 140 | B 150 | C 141 | D 145

KOPFRECHEN CHAMPION

Name

Blatt 16

## Grundrechenarten

**50 €**

10-(4+4)=

| | |
|---|---|
| A 10 | B 2 |
| C 8 | D 3 |

**100 €**

55-(3+2+1)=

| | |
|---|---|
| A 48 | B 49 |
| C 47 | D 50 |

**200 €**

220-(12+5+3)=

| | |
|---|---|
| A 190 | B 180 |
| C 200 | D 202 |

**300 €**

66-(30-9)=

| | |
|---|---|
| A 45 | B 35 |
| C 30 | D 44 |

**500 €**

1.000-(40-11)=

| | |
|---|---|
| A 960 | B 970 |
| C 980 | D 971 |

**1.000 €**

1.200-(100-18)=

| | |
|---|---|
| A 1.116 | B 1.118 |
| C 1.120 | D 1.129 |

**2.000 €**

360-(90+20+8)=

| | |
|---|---|
| A 240 | B 241 |
| C 242 | D 246 |

**4.000 €**

225-(60+5+15)=

| | |
|---|---|
| A 145 | B 148 |
| C 150 | D 146 |

**8.000 €**

8.800-(790+10+4)=

| | |
|---|---|
| A 8.000 | B 7.999 |
| C 7.995 | D 7.996 |

**16.000 €**

Wo ist die Klammer unnötig?

| | |
|---|---|
| A 100-(8+6) | B 19-(34-19) |
| C (79-19)-(9-8) | D 44+(21-56) |

**32.000 €**

Nutze den Rechenvorteil!
1.400-(99+88+1+12)=

| | |
|---|---|
| A 1.300 | B 1.100 |
| C 1.200 | D 1.000 |

**64.000 €**

450+80-(77-7-5-3)=

| | |
|---|---|
| A 466 | B 468 |
| C 472 | D 480 |

**125.000 €**

(67.000-7.200)-(39-36)=

| | |
|---|---|
| A 59.800 | B 60.121 |
| C 60.110 | D 59.797 |

**500.000 €**

(56+156+10)-(89-5-8)=

| | |
|---|---|
| A 146 | B 140 |
| C 145 | D 151 |

**1.000.000 €**

(235-30)-(99-88)+(1.200-9)=

| | |
|---|---|
| A 1.400 | B 1.390 |
| C 1.385 | D 1.386 |

**KOPFRECHEN CHAMPION**

Name

Blatt 17

## Grundrechenarten

**50 €**

6+❑=12

A 4 | B 6
C 8 | D 3

**100 €**

❑+12=20

A 8 | B 9
C 7 | D 10

**200 €**

56-❑=49

A 8 | B 7
C 9 | D 5

**300 €**

46+❑=110

A 54 | B 65
C 46 | D 64

**500 €**

58=33+❑

A 26 | B 35
C 31 | D 25

**1.000 €**

890=1.000-❑

A 116 | B 100
C 110 | D 112

**2.000 €**

45+5=100-❑

A 40 | B 50
C 42 | D 60

**4.000 €**

❑+78=100-19

A 3 | B 4
C 15 | D 13

**8.000 €**

❑-24=12+34+8

A 74 | B 79
C 80 | D 78

**16.000 €**

Welche Zahl musst du zu 67 addieren um 99 zu erhalten?

A 32 | B 34
C 29 | D 31

**32.000 €**

Welche Zahl musst du von 2.000 subtrahieren um 1.640 zu erhalten?

A 320 | B 410
C 360 | D 390

**64.000 €**

145-20-15=❑+20+21

A 68 | B 70
C 67 | D 69

**125.000 €**

❑-45-23=235+23+7

A 330 | B 298
C 402 | D 333

**500.000 €**

784-(12-8)=❑-24-28

A 831 | B 840
C 832 | D 780

**1.000.000 €**

9.870-❑=560-(24-7-8)

A 9.219 | B 9.390
C 9.319 | D 8.567

KOPFRECHEN CHAMPION

Name

Blatt 18

## Grundrechenarten

**50 €**

4+❑=20

| | |
|---|---|
| A 14 | B 15 |
| C 16 | D 18 |

**100 €**

❑+18=30

| | |
|---|---|
| A 12 | B 9 |
| C 11 | D 10 |

**200 €**

120-❑=90

| | |
|---|---|
| A 30 | B 20 |
| C 10 | D 100 |

**300 €**

47+❑=120

| | |
|---|---|
| A 72 | B 65 |
| C 70 | D 73 |

**500 €**

180=22+❑

| | |
|---|---|
| A 152 | B 158 |
| C 151 | D 156 |

**1.000 €**

2.430=3.000-❑

| | |
|---|---|
| A 560 | B 370 |
| C 470 | D 570 |

**2.000 €**

46+19=100-❑

| | |
|---|---|
| A 45 | B 35 |
| C 36 | D 46 |

**4.000 €**

❑+57=98-18

| | |
|---|---|
| A 23 | B 22 |
| C 33 | D 24 |

**8.000 €**

❑-90=45+34+5

| | |
|---|---|
| A 174 | B 172 |
| C 164 | D 180 |

**16.000 €**

Welche Zahl musst du zu 176 addieren um 200 zu erhalten?

| | |
|---|---|
| A 26 | B 24 |
| C 29 | D 31 |

**32.000 €**

Welche Zahl musst du von 1.000 subtrahieren um 245 zu erhalten?

| | |
|---|---|
| A 755 | B 655 |
| C 645 | D 765 |

**64.000 €**

346-20-16=❑+80+11

| | |
|---|---|
| A 217 | B 222 |
| C 192 | D 219 |

**125.000 €**

❑-77-33=760+88+2

| | |
|---|---|
| A 950 | B 998 |
| C 960 | D 940 |

**500.000 €**

322-(18-6)=❑-18-9

| | |
|---|---|
| A 331 | B 310 |
| C 337 | D 237 |

**1.000.000 €**

10.000-❑=770-(84-13-6)

| | |
|---|---|
| A 9.218 | B 9.295 |
| C 9.395 | D 9.290 |

KOPFRECHEN CHAMPION

Name



## Grundrechenarten

### 50 €

9+❑=100

A 90 | B 81 | C 89 | D 91

### 100 €

❑+21=40

A 19 | B 9 | C 20 | D 18

### 200 €

340-❑=220

A 110 | B 20 | C 120 | D 100

### 300 €

77+❑=120

A 34 | B 43 | C 44 | D 45

### 500 €

189=29+❑

A 152 | B 160 | C 116 | D 161

### 1.000 €

4.560=3.000-❑

A 1.540 | B 1.560 | C 1.470 | D 1.570

### 2.000 €

86+16=200-❑

A 96 | B 99 | C 100 | D 98

### 4.000 €

❑+25=100-18

A 43 | B 42 | C 57 | D 54

### 8.000 €

❑+80=87+55+3

A 65 | B 72 | C 64 | D 60

### 16.000 €

Welche Zahl musst du zu 1.120 addieren um 2.200 zu erhalten?

A 1.280 | B 1.180 | C 1.070 | D 1.080

### 32.000 €

Welche Zahl musst du von 760 subtrahieren um 350 zu erhalten?

A 420 | B 310 | C 410 | D 365

### 64.000 €

777-30-15=❑+70+9

A 534 | B 599 | C 635 | D 653

### 125.000 €

❑-54-23=580+22+18

A 650 | B 697 | C 696 | D 698

### 500.000 €

589-(19-6)=❑-20-9

A 631 | B 640 | C 605 | D 634

### 1.000.000 €

40.000-❑=7.770-(60-12-6)

A 32.272 | B 30.343 | C 22.457 | D 32.565

**KOPFRECHEN CHAMPION**

Name

Blatt 20

## Grundrechenarten

### 50 €

Addiere 33 und 12

A 45 | B 54 | C 40 | D 44

### 100 €

Bilde die Summe aus 123 und 11

A 134 | B 130 | C 133 | D 138

### 200 €

Subtrahiere 56 von 70

A 11 | B 14 | C 12 | D 15

### 300 €

Bilde die Differenz aus 120 und 31

A 88 | B 90 | C 91 | D 89

### 500 €

35+67+45=

A 150 | B 160 | C 147 | D 148

### 1.000 €

78-18-18=

A 40 | B 50 | C 42 | D 52

### 2.000 €

99+71=200-❑

A 33 | B 31 | C 40 | D 30

### 4.000 €

❑+100=200-15

A 85 | B 80 | C 83 | D 75

### 8.000 €

❑-90=102+33

A 225 | B 215 | C 214 | D 230

### 16.000 €

Welche Zahl musst du zu 7.600 addieren um 12.000 zu erhalten?

A 4.400 | B 3.400 | C 2.400 | D 5.400

### 32.000 €

Nutze den Rechenvorteil!
340-(12+5+18+15+3+7)=

A 280 | B 310 | C 290 | D 365

### 64.000 €

67+103-(45-39)=

A 155 | B 152 | C 164 | D 166

### 125.000 €

(4.400-310)-(730-40)=

A 3.200 | B 3.400 | C 3.500 | D 3.600

### 500.000 €

760-(23-6)=❑-23-3

A 766 | B 769 | C 666 | D 637

### 1.000.000 €

60.000-❑=6.900-(120-18-2)

A 53.200 | B 54.200 | C 50.800 | D 51.600

**KOPFRECHEN CHAMPION**

Name

Blatt 21

## Grundrechenarten

**50 €**

Addiere 50 und 21

| | |
|---|---|
| A 70 | B 71 |
| C 69 | D 72 |

**100 €**

Bilde die Summe aus 28 und 12

| | |
|---|---|
| A 40 | B 30 |
| C 33 | D 38 |

**200 €**

Subtrahiere 12 von 60

| | |
|---|---|
| A 42 | B 46 |
| C 50 | D 48 |

**300 €**

Bilde die Differenz aus 45 und 21

| | |
|---|---|
| A 22 | B 24 |
| C 21 | D 25 |

**500 €**

67+10+23=

| | |
|---|---|
| A 101 | B 100 |
| C 110 | D 90 |

**1.000 €**

99-18-11=

| | |
|---|---|
| A 60 | B 70 |
| C 65 | D 72 |

**2.000 €**

102+88=200-❑

| | |
|---|---|
| A 11 | B 12 |
| C 20 | D 10 |

**4.000 €**

❑+250=300-12

| | |
|---|---|
| A 32 | B 34 |
| C 38 | D 30 |

**8.000 €**

❑-80=204+36

| | |
|---|---|
| A 220 | B 315 |
| C 320 | D 330 |

**16.000 €**

Welche Zahl musst du zu 9 addieren um 8.760 zu erhalten?

| | |
|---|---|
| A 8.761 | B 8.751 |
| C 8.763 | D 8.750 |

**32.000 €**

Nutze den Rechenvorteil!
450-(13+6+17+14+2+8)=

| | |
|---|---|
| A 385 | B 390 |
| C 290 | D 365 |

**64.000 €**

54+106-(54-32)=

| | |
|---|---|
| A 138 | B 139 |
| C 140 | D 135 |

**125.000 €**

(4.900-410)-(650-60)=

| | |
|---|---|
| A 3.800 | B 3.900 |
| C 4.000 | D 3.600 |

**500.000 €**

63-(41-6)=❑-19-8

| | |
|---|---|
| A 55 | B 54 |
| C 66 | D 37 |

**1.000.000 €**

2.460-❑=900-(98-18-8)

| | |
|---|---|
| A 1.599 | B 1.799 |
| C 1.567 | D 1.632 |

KOPFRECHEN CHAMPION

Name

Blatt 22

## Grundrechenarten

**50 €**

Addiere 120 und 30

| | |
|---|---|
| A 150 | B 140 |
| C 130 | D 90 |

**100 €**

Bilde die Summe aus 67 und 13

| | |
|---|---|
| A 80 | B 70 |
| C 64 | D 66 |

**200 €**

Subtrahiere 99 von 101

| | |
|---|---|
| A 4 | B 2 |
| C 5 | D 8 |

**300 €**

Bilde die Differenz aus 67 und 14

| | |
|---|---|
| A 44 | B 54 |
| C 60 | D 53 |

**500 €**

57+50+23=

| | |
|---|---|
| A 120 | B 130 |
| C 110 | D 90 |

**1.000 €**

129-18-10=

| | |
|---|---|
| A 100 | B 99 |
| C 111 | D 101 |

**2.000 €**

218+22=300-❑

| | |
|---|---|
| A 50 | B 60 |
| C 20 | D 40 |

**4.000 €**

❑+1.200=8.000-100

| | |
|---|---|
| A 6.800 | B 7.900 |
| C 6.700 | D 1.300 |

**8.000 €**

❑-90=34+306

| | |
|---|---|
| A 430 | B 415 |
| C 440 | D 330 |

**16.000 €**

Welche Zahl musst du zu 67 addieren um 113 zu erhalten?

| | |
|---|---|
| A 50 | B 48 |
| C 44 | D 46 |

**32.000 €**

Nutze den Rechenvorteil!
560-(27+14+13+26+12+8)=

| | |
|---|---|
| A 455 | B 460 |
| C 490 | D 365 |

**64.000 €**

78+308-(33-4)=

| | |
|---|---|
| A 338 | B 357 |
| C 340 | D 335 |

**125.000 €**

(6.700-780)-(430-60)=

| | |
|---|---|
| A 5.800 | B 5.550 |
| C 4.555 | D 4.600 |

**500.000 €**

78-(51-11)=❑-17-8

| | |
|---|---|
| A 56 | B 54 |
| C 63 | D 65 |

**1.000.000 €**

8.890-❑=1.200-(101-10-5)

| | |
|---|---|
| A 7.776 | B 7.666 |
| C 7.567 | D 7.632 |

**KOPFRECHEN CHAMPION**

Name



## Grundrechenarten

**50 €**

Addiere 356 und 6

| | |
|---|---|
| A 360 | B 362 |
| C 364 | D 366 |

**100 €**

Bilde die Summe aus 134 und 14

| | |
|---|---|
| A 146 | B 148 |
| C 164 | D 150 |

**200 €**

Subtrahiere 88 von 289

| | |
|---|---|
| A 200 | B 201 |
| C 202 | D 199 |

**300 €**

Bilde die Differenz aus 650 und 18

| | |
|---|---|
| A 630 | B 631 |
| C 632 | D 628 |

**500 €**

123+60+27=

| | |
|---|---|
| A 220 | B 210 |
| C 110 | D 190 |

**1.000 €**

57-18-8=

| | |
|---|---|
| A 31 | B 27 |
| C 38 | D 32 |

**2.000 €**

349+31=400-❑

| | |
|---|---|
| A 25 | B 30 |
| C 28 | D 20 |

**4.000 €**

❑+2.600=9.300-400

| | |
|---|---|
| A 6.800 | B 7.100 |
| C 6.300 | D 5.300 |

**8.000 €**

❑-55=66+122

| | |
|---|---|
| A 230 | B 215 |
| C 243 | D 240 |

**16.000 €**

Welche Zahl musst du zu 113 addieren um 2.000 zu erhalten?

| | |
|---|---|
| A 1.899 | B 1.885 |
| C 1.890 | D 1.887 |

**32.000 €**

Nutze den Rechenvorteil!
956-(55+16+15+24+23+7)=

| | |
|---|---|
| A 818 | B 816 |
| C 790 | D 865 |

**64.000 €**

79+408-(42-6)=

| | |
|---|---|
| A 450 | B 451 |
| C 452 | D 535 |

**125.000 €**

(5.700-690)-(220-55)=

| | |
|---|---|
| A 4.900 | B 5.120 |
| C 4.845 | D 4.600 |

**500.000 €**

92-(45-11)=❑-22-3

| | |
|---|---|
| A 83 | B 84 |
| C 79 | D 85 |

**1.000.000 €**

7.980-❑=2.340-(98-18-4)

| | |
|---|---|
| A 5.716 | B 5.666 |
| C 5.567 | D 5.632 |

KOPFRECHEN CHAMPION

Name

Blatt 24

## Grundrechenarten

**50 €**

Schreibe 4+4+4 kürzer

| | |
|---|---|
| A 4 • 4 | B 2 • 4 |
| C 3 • 4 | D 4 • 3 |

**100 €**

Multipliziere 7 mit 7

| | |
|---|---|
| A 46 | B 49 |
| C 42 | D 50 |

**200 €**

Das Ergebnis einer Mal-Aufgabe heißt

| | |
|---|---|
| A Quotient | B Summe |
| C Differenz | D Produkt |

**300 €**

Schreibe als Produkt a+a+a+a

| | |
|---|---|
| A 3 • a | B 4 • a |
| C 5 • a | D 4 : a |

**500 €**

Teile 36 durch 6

| | |
|---|---|
| A 8 | B 5 |
| C 7 | D 6 |

**1.000 €**

Dividiere 81 durch 9

| | |
|---|---|
| A 8 | B 7 |
| C 729 | D 9 |

**2.000 €**

11 • 10 =

| | |
|---|---|
| A 101 | B 100 |
| C 120 | D 110 |

**4.000 €**

100 • 91 =

| | |
|---|---|
| A 9.100 | B 7.100 |
| C 910 | D 91.000 |

**8.000 €**

1.000 • 87 =

| | |
|---|---|
| A 8.700 | B 87.000 |
| C 870.000 | D 870 |

**16.000 €**

320 : 10 =

| | |
|---|---|
| A 3.200 | B 320 |
| C 103 | D 32 |

**32.000 €**

54 • 20 =

| | |
|---|---|
| A 1.080 | B 900 |
| C 1.800 | D 10.802 |

**64.000 €**

12 • 12 =

| | |
|---|---|
| A 144 | B 122 |
| C 133 | D 120 |

**125.000 €**

Schreibe als Produkt b+b+9+9+b+9=

| | |
|---|---|
| A 27+b | B 2b+27 |
| C 3b+3 • 9 | D 3 • 9+b |

**500.000 €**

54 • 21 =

| | |
|---|---|
| A 1.134 | B 1.098 |
| C 1.179 | D 1.230 |

**1.000.000 €**

12 • 2 • 13 =

| | |
|---|---|
| A 345 | B 312 |
| C 216 | D 356 |

**KOPFRECHEN CHAMPION**

Name



## Grundrechenarten

**50 €**

Schreibe 9+9+9+9+9 kürzer

| | |
|---|---|
| A 4 • 9 | B 5 • 9 |
| C 36 | D 9 : 5 |

**100 €**

Multipliziere 11 mit 7

| | |
|---|---|
| A 76 | B 77 |
| C 66 | D 117 |

**200 €**

Das Ergebnis einer „geteilt durch-Aufgabe“ heißt

| | |
|---|---|
| A Quotient | B Summe |
| C Differenz | D Produkt |

**300 €**

Schreibe als Produkt a+a+a+a+a+a+a+a

| | |
|---|---|
| A 8 • a | B 7 • a |
| C 9 • a | D 8 : a |

**500 €**

Teile 110 durch 10

| | |
|---|---|
| A 10 | B 110 |
| C 11 | D 1 |

**1.000 €**

Dividiere 144 durch 12

| | |
|---|---|
| A 11 | B 13 |
| C 14 | D 12 |

**2.000 €**

10 • 1.192 =

| | |
|---|---|
| A 10.192 | B 11.920 |
| C 119.200 | D 1.192 |

**4.000 €**

1.000 • 123 =

| | |
|---|---|
| A 12.300 | B 123.000 |
| C 10.023 | D 1.230 |

**8.000 €**

10.000 • 23 =

| | |
|---|---|
| A 23.000 | B 2.300 |
| C 2.300.000 | D 230.000 |

**16.000 €**

1.460 : 10 =

| | |
|---|---|
| A 14.600 | B 1.460 |
| C 164 | D 146 |

**32.000 €**

123 • 20 =

| | |
|---|---|
| A 2.640 | B 2.200 |
| C 2.900 | D 2.460 |

**64.000 €**

13 • 13 =

| | |
|---|---|
| A 144 | B 121 |
| C 169 | D 196 |

**125.000 €**

Schreibe als Produkt z+z+z+8+z+8+8=

| | |
|---|---|
| A 27+z | B 3z+27 |
| C 4z+3 • 8 | D 3 • 8+z |

**500.000 €**

62 • 31 =

| | |
|---|---|
| A 1.833 | B 1.922 |
| C 1.911 | D 1.930 |

**1.000.000 €**

13 • 8 • 3 =

| | |
|---|---|
| A 344 | B 312 |
| C 216 | D 356 |

**KOPFRECHEN CHAMPION**

Name

Blatt 26

## Grundrechenarten

### 50 €

Schreibe 2+2+2 kürzer

| | |
|---|---|
| A 3 • 2 | B 4 • 2 |
| C 8 | D 3 : 2 |

### 100 €

Multipliziere 12 mit 3

| | |
|---|---|
| A 66 | B 36 |
| C 24 | D 32 |

### 200 €

Dividieren bedeutet

| | |
|---|---|
| A dazu zählen | B abziehen |
| C mal nehmen | D teilen |

### 300 €

Schreibe als Produkt
S+S+S+S+S+S

| | |
|---|---|
| A 7 • s | B 7 s |
| C 9 • s | D 6 • s |

### 500 €

Teile 54.600 durch 100

| | |
|---|---|
| A 5.460 | B 546 |
| C 546.000 | D 54.600 |

### 1.000 €

Dividiere 169 durch 13

| | |
|---|---|
| A 11 | B 13 |
| C 14 | D 12 |

### 2.000 €

10.000 • 13 =

| | |
|---|---|
| A 13.000 | B 130.000 |
| C 1.300 | D 130 |

### 4.000 €

1.000.000 • 84 =

| | |
|---|---|
| A 84.000.000 | B 84.000 |
| C 840.000 | D 8.400.000 |

### 8.000 €

255 : 5 =

| | |
|---|---|
| A 51 | B 56 |
| C 21 | D 32 |

### 16.000 €

460 : 5 =

| | |
|---|---|
| A 89 | B 95 |
| C 64 | D 92 |

### 32.000 €

65 • 40 =

| | |
|---|---|
| A 2.640 | B 2.600 |
| C 2.900 | D 2.460 |

### 64.000 €

14 • 14 =

| | |
|---|---|
| A 144 | B 121 |
| C 169 | D 196 |

### 125.000 €

16 • 16 =

| | |
|---|---|
| A 228 | B 256 |
| C 156 | D 232 |

### 500.000 €

57 • 21 =

| | |
|---|---|
| A 1.133 | B 1.197 |
| C 1.111 | D 1.230 |

### 1.000.000 €

9 • 11 • 12 =

| | |
|---|---|
| A 1.188 | B 1.088 |
| C 1.234 | D 1.787 |

# KOPFRECHEN CHAMPION

Name



## Grundrechenarten

**50 €**

11 • 10 =

A 1.100 | B 110 | C 111 | D 11

**100 €**

11 • 11 =

A 111 | B 121 | C 131 | D 130

**200 €**

11 • 12 =

A 132 | B 122 | C 112 | D 230

**300 €**

9 • 9 • 2 =

A 158 | B 64 | C 160 | D 162

**500 €**

10 • 10 • 100 =

A 10.000 | B 1.000 | C 100.000 | D 100

**1.000 €**

33 : 3 =

A 11 | B 13 | C 14 | D 12

**2.000 €**

48 : 4 =

A 14 | B 11 | C 13 | D 12

**4.000 €**

91 : 13 =

A 6 | B 8 | C 9 | D 7

**8.000 €**

165 : 15 =

A 11 | B 12 | C 19 | D 9

**16.000 €**

650.000 : 10.000 =

A 55 | B 65 | C 6.500 | D 650

**32.000 €**

36.000 : 12.000 =

A 2 | B 3 | C 30 | D 32

**64.000 €**

169.000 : 13 =

A 120 | B 13.000 | C 1.400 | D 13

**125.000 €**

490.000 : 7 =

A 700 | B 70.000 | C 800 | D 7.000

**500.000 €**

78.560 : 2 =

A 39.280 | B 38.650 | C 37.480 | D 36.280

**1.000.000 €**

1.045 : 95 =

A 11 | B 13 | C 21 | D 17

**KOPFRECHEN CHAMPION**

Name

Blatt 28

## Grundrechenarten

**50 €**

9 • 20 =

| A | B |
|---|---|
| 170 | 190 |
| **C** | **D** |
| 18 | 180 |

**100 €**

8 • 11 =

| A | B |
|---|---|
| 111 | 88 |
| **C** | **D** |
| 99 | 808 |

**200 €**

8 • 12 =

| A | B |
|---|---|
| 94 | 92 |
| **C** | **D** |
| 98 | 96 |

**300 €**

8 • 8 • 2 =

| A | B |
|---|---|
| 128 | 164 |
| **C** | **D** |
| 160 | 162 |

**500 €**

9 • 9 • 2 =

| A | B |
|---|---|
| 162 | 142 |
| **C** | **D** |
| 152 | 148 |

**1.000 €**

55 : 5 =

| A | B |
|---|---|
| 11 | 13 |
| **C** | **D** |
| 14 | 12 |

**2.000 €**

42 : 3 =

| A | B |
|---|---|
| 14 | 11 |
| **C** | **D** |
| 13 | 12 |

**4.000 €**

90 : 18 =

| A | B |
|---|---|
| 6 | 5 |
| **C** | **D** |
| 9 | 7 |

**8.000 €**

180 : 15 =

| A | B |
|---|---|
| 11 | 12 |
| **C** | **D** |
| 19 | 9 |

**16.000 €**

360.000 : 60.000 =

| A | B |
|---|---|
| 5 | 80 |
| **C** | **D** |
| 60 | 6 |

**32.000 €**

81.000.000 : 9.000 =

| A | B |
|---|---|
| 900 | 9.000 |
| **C** | **D** |
| 3.000 | 90.000 |

**64.000 €**

144.000 : 12 =

| A | B |
|---|---|
| 12.000 | 13.000 |
| **C** | **D** |
| 120 | 1.200 |

**125.000 €**

600.000 : 12 =

| A | B |
|---|---|
| 500 | 70.000 |
| **C** | **D** |
| 5.000 | 50.000 |

**500.000 €**

70.000 : 5 =

| A | B |
|---|---|
| 14.000 | 1.300 |
| **C** | **D** |
| 1.400 | 140.000 |

**1.000.000 €**

30.075 : 15 =

| A | B |
|---|---|
| 205 | 2.005 |
| **C** | **D** |
| 305 | 2.600 |

KOPFRECHEN CHAMPION

Name

Blatt 29

## Grundrechenarten

**50 €**

3 • 30 =

| | |
|---|---|
| A 90 | B 190 |
| C 18 | D 9 |

**100 €**

11 • 7 =

| | |
|---|---|
| A 111 | B 77 |
| C 99 | D 11 |

**200 €**

9 • 12 =

| | |
|---|---|
| A 104 | B 108 |
| C 112 | D 106 |

**300 €**

3 • 3 • 2 • 2 =

| | |
|---|---|
| A 36 | B 64 |
| C 38 | D 46 |

**500 €**

11 • 11 • 2 =

| | |
|---|---|
| A 242 | B 144 |
| C 152 | D 148 |

**1.000 €**

80 : 5 =

| | |
|---|---|
| A 16 | B 13 |
| C 14 | D 12 |

**2.000 €**

45 : 3 =

| | |
|---|---|
| A 14 | B 11 |
| C 13 | D 15 |

**4.000 €**

91 : 13 =

| | |
|---|---|
| A 6 | B 5 |
| C 9 | D 7 |

**8.000 €**

120 : 8 =

| | |
|---|---|
| A 11 | B 12 |
| C 15 | D 16 |

**16.000 €**

480.000 : 800 =

| | |
|---|---|
| A 70 | B 80 |
| C 600 | D 60 |

**32.000 €**

144.000 : 120 =

| | |
|---|---|
| A 1.100 | B 1.200 |
| C 2.400 | D 4.300 |

**64.000 €**

1.710 : 9 =

| | |
|---|---|
| A 210 | B 190 |
| C 180 | D 200 |

**125.000 €**

880.000 : 11 =

| | |
|---|---|
| A 700 | B 70.000 |
| C 6.000 | D 80.000 |

**500.000 €**

255.000 : 5 =

| | |
|---|---|
| A 44.000 | B 51.000 |
| C 5.400 | D 41.000 |

**1.000.000 €**

151.515 : 15 =

| | |
|---|---|
| A 10.101 | B 10.110 |
| C 9.867 | D 10.600 |

KOPFRECHEN CHAMPION

Name



## Grundrechenarten

**50 €**

2 • ❑ = 8

| | |
|---|---|
| A 5 | B 6 |
| C 4 | D 9 |

**100 €**

❑ • 8 = 64

| | |
|---|---|
| A 9 | B 8 |
| C 99 | D 7 |

**200 €**

49 : ❑ = 7

| | |
|---|---|
| A 7 | B 8 |
| C 6 | D 11 |

**300 €**

144 : ❑ = 12

| | |
|---|---|
| A 13 | B 12 |
| C 14 | D 16 |

**500 €**

❑ : 13 = 13

| | |
|---|---|
| A 112 | B 144 |
| C 152 | D 169 |

**1.000 €**

❑ : 5 = 11

| | |
|---|---|
| A 55 | B 50 |
| C 33 | D 550 |

**2.000 €**

Durch 0 teilen

| | |
|---|---|
| A ergibt 1 | B ergibt 0 |
| C darf man nicht | D ergibt 10 |

**4.000 €**

❑ : 7 = 12

| | |
|---|---|
| A 84 | B 82 |
| C 81 | D 91 |

**8.000 €**

❑ : 12 = 11

| | |
|---|---|
| A 110 | B 120 |
| C 132 | D 134 |

**16.000 €**

2 • 8 • ❑ = 48

| | |
|---|---|
| A 7 | B 2 |
| C 3 | D 6 |

**32.000 €**

4 • ❑ • 4 = 48

| | |
|---|---|
| A 4 | B 5 |
| C 6 | D 3 |

**64.000 €**

20 • 4 = ❑ • 2

| | |
|---|---|
| A 40 | B 4 |
| C 60 | D 20 |

**125.000 €**

44 • 3 = 22 • ❑

| | |
|---|---|
| A 7 | B 11 |
| C 6 | D 8 |

**500.000 €**

❑ • 66 = 462

| | |
|---|---|
| A 7 | B 12 |
| C 5 | D 8 |

**1.000.000 €**

7 • 12 • 2 = 14 • ❑

| | |
|---|---|
| A 12 | B 10 |
| C 11 | D 9 |

**KOPFRECHEN CHAMPION**

Name

Blatt 31

## Grundrechenarten

**50 €**

3 • ❑ = 12

| | |
|---|---|
| A 5 | B 4 |
| C 6 | D 9 |

**100 €**

❑ • 6

| | |
|---|---|
| A 9 | B 8 |
| C 99 | D 7 |

**200 €**

72 : ❑ = 9

| | |
|---|---|
| A 7 | B 8 |
| C 6 | D 11 |

**300 €**

96 : ❑ = 12

| | |
|---|---|
| A 7 | B 9 |
| C 6 | D 8 |

**500 €**

❑ : 14 = 14

| | |
|---|---|
| A 112 | B 144 |
| C 164 | D 196 |

**1.000 €**

❑ : 5 = 13

| | |
|---|---|
| A 65 | B 50 |
| C 33 | D 550 |

**2.000 €**

31 : 1 =

| | |
|---|---|
| A 1 | B 31 |
| C 310 | D 0 |

**4.000 €**

1.342 : 1 =

| | |
|---|---|
| A 1.342 | B 1 |
| C 0 | D 134 |

**8.000 €**

❑ : 13 = 11

| | |
|---|---|
| A 143 | B 120 |
| C 132 | D 134 |

**16.000 €**

3 • 10 • ❑ = 900

| | |
|---|---|
| A 3 | B 300 |
| C 4 | D 30 |

**32.000 €**

4 • ❑ • 4 = 80

| | |
|---|---|
| A 4 | B 5 |
| C 6 | D 3 |

**64.000 €**

40 • 4 = ❑ • 2

| | |
|---|---|
| A 80 | B 4 |
| C 60 | D 20 |

**125.000 €**

55 • 2 = 5 • ❑

| | |
|---|---|
| A 20 | B 22 |
| C 19 | D 21 |

**500.000 €**

❑ • 4 = 220

| | |
|---|---|
| A 55 | B 51 |
| C 52 | D 48 |

**1.000.000 €**

5 • 3 • 8 = 15 • ❑

| | |
|---|---|
| A 12 | B 10 |
| C 8 | D 9 |

KOPFRECHEN CHAMPION

Name



## Grundrechenarten

**50 €**

5 • ❑ = 30

| | |
|---|---|
| A 5 | B 4 |
| C 6 | D 9 |

**100 €**

❑ • 8 = 64

| | |
|---|---|
| A 9 | B 8 |
| C 6 | D 7 |

**200 €**

99 : ❑ = 9

| | |
|---|---|
| A 10 | B 9 |
| C 6 | D 11 |

**300 €**

84 : ❑ = 12

| | |
|---|---|
| A 7 | B 9 |
| C 6 | D 8 |

**500 €**

❑ : 10 = 150

| | |
|---|---|
| A 15.000 | B 1.000 |
| C 15 | D 1.500 |

**1.000 €**

❑ : 6 = 15

| | |
|---|---|
| A 80 | B 50 |
| C 70 | D 90 |

**2.000 €**

56 : 1 =

| | |
|---|---|
| A 1 | B 56 |
| C 10 | D 560 |

**4.000 €**

20 • 51 =

| | |
|---|---|
| A 1.042 | B 102 |
| C 1.200 | D 1.020 |

**8.000 €**

❑ : 15 = 6

| | |
|---|---|
| A 90 | B 120 |
| C 80 | D 110 |

**16.000 €**

7 • 10 • ❑ = 70.000

| | |
|---|---|
| A 100 | B 700 |
| C 1.000 | D 10.000 |

**32.000 €**

6 • ❑ • 4 = 72

| | |
|---|---|
| A 4 | B 5 |
| C 6 | D 3 |

**64.000 €**

35 • 3 = ❑ • 5

| | |
|---|---|
| A 20 | B 10 |
| C 22 | D 21 |

**125.000 €**

2 • 22 • 2 = 22 • ❑

| | |
|---|---|
| A 5 | B 4 |
| C 6 | D 8 |

**500.000 €**

❑ • 13 = 182

| | |
|---|---|
| A 12 | B 14 |
| C 13 | D 15 |

**1.000.000 €**

3 • 7 • 6 • 2 = 2 • ❑

| | |
|---|---|
| A 126 | B 96 |
| C 112 | D 114 |

KOPFRECHEN CHAMPION

Name



## Grundrechenarten

**50 €**

Multipliziere 3 mit 9

| | |
|---|---|
| A 18 | B 27 |
| C 25 | D 29 |

**100 €**

Teile 44 durch 4

| | |
|---|---|
| A 9 | B 11 |
| C 12 | D 7 |

**200 €**

Dividiere 144 durch 12

| | |
|---|---|
| A 10 | B 9 |
| C 6 | D 12 |

**300 €**

Schreibe als Produkt
a+a+a+b+b+b+b

| | |
|---|---|
| A 2ab | B 3a+4b |
| C 6ab | D 2a+3b |

**500 €**

2 • 3 • 4 =

| | |
|---|---|
| A 24 | B 22 |
| C 18 | D 34 |

**1.000 €**

9 • 9 • 2 =

| | |
|---|---|
| A 160 | B 150 |
| C 162 | D 158 |

**2.000 €**

1.456 : 1 =

| | |
|---|---|
| A 456 | B 1 |
| C 0 | D 1.456 |

**4.000 €**

74 : 0 =

| | |
|---|---|
| A 74 | B 1 |
| C 740 | D geht nicht |

**8.000 €**

34.500 : 100 =

| | |
|---|---|
| A 3.450 | B 34 |
| C 345 | D 100 |

**16.000 €**

11 • ❑ = 121

| | |
|---|---|
| A 100 | B 12 |
| C 11 | D 1.210 |

**32.000 €**

13 • ❑ = 117

| | |
|---|---|
| A 9 | B 8 |
| C 6 | D 7 |

**64.000 €**

15 • 3 = ❑ • 5

| | |
|---|---|
| A 8 | B 10 |
| C 11 | D 9 |

**125.000 €**

64.000 = 8 • ❑

| | |
|---|---|
| A 800 | B 4.000 |
| C 80 | D 8.000 |

**500.000 €**

❑ • 16 = 128

| | |
|---|---|
| A 12 | B 9 |
| C 8 | D 12 |

**1.000.000 €**

8 • 2 • 3 • 2 = 2 • ❑

| | |
|---|---|
| A 46 | B 48 |
| C 52 | D 56 |

**KOPFRECHEN CHAMPION**

Name

Blatt 34

## Grundrechenarten

**50 €** — Multipliziere 4 mit 7

A: 26 | B: 28 | C: 25 | D: 29

**100 €** — Teile 48 durch 8

A: 9 | B: 5 | C: 6 | D: 7

**200 €** — Dividiere 36 durch 3

A: 10 | B: 9 | C: 6 | D: 12

**300 €** — Schreibe als Produkt a+a+a+a-c-c

A: 4a+2c | B: 4a-2c | C: 4ac | D: 2a-3c

**500 €** — 8 • 3 • 2 =

A: 24 | B: 48 | C: 84 | D: 52

**1.000 €** — 10 • 10 • 10 =

A: 100 | B: 150 | C: 1.000 | D: 30

**2.000 €** — 9.870 : 10 =

A: 987 | B: 10 | C: 9.870 | D: 4.535

**4.000 €** — 45.000.000 : 10.000 =

A: 450 | B: 45.000 | C: 45 | D: 4.500

**8.000 €** — 35.500 : 500 =

A: 37 | B: 34 | C: 71 | D: 68

**16.000 €** — 14 • ❑ = 112

A: 9 | B: 12 | C: 8 | D: 7

**32.000 €** — 15 • ❑ = 120

A: 9 | B: 8 | C: 6 | D: 7

**64.000 €** — 14 • 4 = ❑ • 2

A: 28 | B: 14 | C: 11 | D: 26

**125.000 €** — 81.000 = 9 • ❑

A: 900 | B: 9.000 | C: 90 | D: 8.000

**500.000 €** — ❑ • 16 = 176

A: 12 | B: 9 | C: 8 | D: 11

**1.000.000 €** — 7 • 3 •3 = 3 • ❑

A: 23 | B: 28 | C: 21 | D: 33

KOPFRECHEN CHAMPION

Name



## Grundrechenarten

**50 €** – Multipliziere 6 mit 9

A 63 | B 56 | C 54 | D 72

**100 €** – Teile 99 durch 9

A 9 | B 11 | C 12 | D 7

**200 €** – Dividiere 550 durch 50

A 10 | B 9 | C 12 | D 11

**300 €** – Schreibe als Produkt
z+z+z+z-s

A 4z-s | B 4z-2s | C 4zs | D 3z-s

**500 €** – 11 • 3 • 2 =

A 66 | B 48 | C 84 | D 52

**1.000 €** – 100 • 10 • 10 • 10 =

A 100 | B 100.000 | C 1.000 | D 1.000.000

**2.000 €** – 129.890 : 10 =

A 12.989 | B 10 | C 1.298 | D 129.890

**4.000 €** – 47.900.000 : 1.000 =

A 479 | B 497.000 | C 4.790.000 | D 47.900

**8.000 €** – 105.500 : 500 =

A 211 | B 340 | C 209 | D 260

**16.000 €** – 14 • ❑ = 126

A 9 | B 12 | C 8 | D 7

**32.000 €** – 15 • ❑ = 135

A 9 | B 8 | C 6 | D 7

**64.000 €** – 112 • 3 = ❑ • 2

A 128 | B 168 | C 119 | D 226

**125.000 €** – 54.000 = 9 • ❑

A 600 | B 9.000 | C 60 | D 6.000

**500.000 €** – ❑ • 20 = 4.000 : 40

A 6 | B 9 | C 8 | D 5

**1.000.000 €** – 9 • 12 • 2 = 2 • ❑

A 108 | B 128 | C 210 | D 106

KOPFRECHEN CHAMPION

Name

Blatt 36

## Grundrechenarten

**50 €**

Multipliziere 3 mit 5

| | |
|---|---|
| A 12 | B 15 |
| C 14 | D 20 |

**100 €**

Teile 300 durch 30

| | |
|---|---|
| A 10 | B 11 |
| C 12 | D 7 |

**200 €**

Dividiere 650 durch 50

| | |
|---|---|
| A 10 | B 9 |
| C 12 | D 13 |

**300 €**

Schreibe als Produkt
k+k+k+k+k+k+k+k+k

| | |
|---|---|
| A 7k | B 8k |
| C 6k | D 9k |

**500 €**

12 • 4 • 3 =

| | |
|---|---|
| A 124 | B 146 |
| C 144 | D 152 |

**1.000 €**

2 • 10 • 100 • 10 =

| | |
|---|---|
| A 2.000 | B 20.000 |
| C 1.000 | D 200.000 |

**2.000 €**

789.000 : 1.000 =

| | |
|---|---|
| A 7.890 | B 789 |
| C 78.900 | D 1.000 |

**4.000 €**

66.600.000 : 10.000 =

| | |
|---|---|
| A 666 | B 66.000 |
| C 660.000 | D 6.660 |

**8.000 €**

650.000 : 500 =

| | |
|---|---|
| A 1.200 | B 1.300 |
| C 120 | D 130 |

**16.000 €**

18 • ❑ = 162

| | |
|---|---|
| A 9 | B 12 |
| C 8 | D 7 |

**32.000 €**

15 • ❑ = 105

| | |
|---|---|
| A 9 | B 8 |
| C 6 | D 7 |

**64.000 €**

213 • 4 = ❑ • 2

| | |
|---|---|
| A 128 | B 432 |
| C 419 | D 426 |

**125.000 €**

93.000 = 3 • ❑

| | |
|---|---|
| A 31.000 | B 3.100 |
| C 360 | D 6.000 |

**500.000 €**

❑ • 20 = 16.000 : 40

| | |
|---|---|
| A 2 | B 200 |
| C 8 | D 20 |

**1.000.000 €**

24 • 2 • 3 = 2 • ❑

| | |
|---|---|
| A 74 | B 72 |
| C 76 | D 78 |

KOPFRECHEN CHAMPION

Name



## Grundrechenarten

**50 €**

24 + 26 =

| A | B |
|---|---|
| 42 | 40 |
| **C** | **D** |
| 54 | 50 |

**100 €**

13 + 50 + 23 =

| A | B |
|---|---|
| 77 | 80 |
| **C** | **D** |
| 82 | 86 |

**200 €**

65 - 23 =

| A | B |
|---|---|
| 40 | 42 |
| **C** | **D** |
| 52 | 32 |

**300 €**

120 - 23 - 10 =

| A | B |
|---|---|
| 86 | 87 |
| **C** | **D** |
| 92 | 91 |

**500 €**

18 • 4 =

| A | B |
|---|---|
| 74 | 86 |
| **C** | **D** |
| 72 | 82 |

**1.000 €**

77 : 11 =

| A | B |
|---|---|
| 7 | 11 |
| **C** | **D** |
| 10 | 77 |

**2.000 €**

120 - (23 + 27) =

| A | B |
|---|---|
| 80 | 90 |
| **C** | **D** |
| 70 | 60 |

**4.000 €**

6.600 - (500 - 50) =

| A | B |
|---|---|
| 6.650 | 6.250 |
| **C** | **D** |
| 6.350 | 6.150 |

**8.000 €**

360 : 20 =

| A | B |
|---|---|
| 12 | 18 |
| **C** | **D** |
| 13 | 16 |

**16.000 €**

23 + ❑ = 156 - 58

| A | B |
|---|---|
| 79 | 75 |
| **C** | **D** |
| 78 | 71 |

**32.000 €**

4 • ❑ = 16 • 2

| A | B |
|---|---|
| 9 | 8 |
| **C** | **D** |
| 6 | 7 |

**64.000 €**

67 - 13 - 8 = ❑ • 2

| A | B |
|---|---|
| 23 | 43 |
| **C** | **D** |
| 41 | 21 |

**125.000 €**

❑ - 23 - 23 = 3 • 40

| A | B |
|---|---|
| 144 | 166 |
| **C** | **D** |
| 177 | 155 |

**500.000 €**

3.200 - (134 + 25 + 6) = ❑ : 2

| A | B |
|---|---|
| 6.700 | 5.800 |
| **C** | **D** |
| 8.400 | 6.070 |

**1.000.000 €**

18 • 2 • 20 = 80 • ❑

| A | B |
|---|---|
| 9 | 7 |
| **C** | **D** |
| 8 | 13 |

**KOPFRECHEN CHAMPION**

Name

Blatt 38

## Grundrechenarten

**50 €**

50 - 12 =

A 39 | B 40 | C 49 | D 38

**100 €**

19 + 60 + 13 =

A 91 | B 92 | C 82 | D 93

**200 €**

100 - 23 - 2 =

A 74 | B 75 | C 72 | D 81

**300 €**

1.200 - 199 - 10 =

A 1.111 | B 87 | C 992 | D 991

**500 €**

19 • 4 =

A 76 | B 86 | C 72 | D 82

**1.000 €**

Dividiere 72 durch 6

A 11 | B 12 | C 13 | D 14

**2.000 €**

230 - (77 + 13) =

A 188 | B 140 | C 192 | D 141

**4.000 €**

960 - (500 - 50) =

A 510 | B 250 | C 350 | D 750

**8.000 €**

780 : 20 =

A 36 | B 39 | C 41 | D 16

**16.000 €**

78 + ❑ = 234 - 33

A 119 | B 123 | C 133 | D 171

**32.000 €**

9 • ❑ = 27 • 3

A 9 | B 8 | C 6 | D 7

**64.000 €**

560 - 13 - 7 = ❑ • 2

A 246 | B 270 | C 280 | D 310

**125.000 €**

❑ - 22 - 22 = 4 • 40

A 204 | B 206 | C 146 | D 148

**500.000 €**

9.780 - (232 + 25 + 8) = ❑ • 5

A 1.700 | B 1.860 | C 2.400 | D 1.903

**1.000.000 €**

31 • 3 • 20 = 93 • ❑

A 15 | B 22 | C 20 | D 13

# KOPFRECHEN CHAMPION

## Grundrechenarten

**50 €**

13 + 101 =

| | |
|---|---|
| A 112 | B 113 |
| C 116 | D 114 |

**100 €**

89 + 11 + 20 =

| | |
|---|---|
| A 120 | B 180 |
| C 110 | D 96 |

**200 €**

340 - 13 =

| | |
|---|---|
| A 412 | B 327 |
| C 352 | D 329 |

**300 €**

98 - 28 - 5 =

| | |
|---|---|
| A 66 | B 67 |
| C 62 | D 65 |

**500 €**

113 • 3 =

| | |
|---|---|
| A 333 | B 334 |
| C 339 | D 330 |

**1.000 €**

155 : 5 =

| | |
|---|---|
| A 29 | B 31 |
| C 32 | D 37 |

**2.000 €**

78 - (13 + 47) =

| | |
|---|---|
| A 20 | B 18 |
| C 22 | D 24 |

**4.000 €**

8.800 - (8.850 - 50) =

| | |
|---|---|
| A 10 | B 0 |
| C 80 | D 100 |

**8.000 €**

4.400 : 20 =

| | |
|---|---|
| A 210 | B 180 |
| C 220 | D 230 |

**16.000 €**

67 + ❑ = 165 - 58

| | |
|---|---|
| A 40 | B 53 |
| C 38 | D 39 |

**32.000 €**

10 • ❑ = 10.000 • 1.000

| | |
|---|---|
| A 1.000 | B 1.000.000 |
| C 10.000 | D 100.000 |

**64.000 €**

57 - 34 - 8 = ❑ • 3

| | |
|---|---|
| A 5 | B 4 |
| C 8 | D 15 |

**125.000 €**

❑ - 55 - 50 = 4 • 55

| | |
|---|---|
| A 344 | B 325 |
| C 350 | D 355 |

**500.000 €**

200 - (23 + 95 + 7) = ❑ : 2

| | |
|---|---|
| A 150 | B 300 |
| C 120 | D 210 |

**1.000.000 €**

45 • 3 • 20 = ❑ - 300

| | |
|---|---|
| A 2.000 | B 3.000 |
| C 2.700 | D 3.100 |

**KOPFRECHEN CHAMPION**

Name

Blatt 40

## Grundrechenarten

**50 €**

124 - 12 =

| | |
|---|---|
| A 112 | B 114 |
| C 120 | D 116 |

**100 €**

34 + 62 + 13 =

| | |
|---|---|
| A 105 | B 109 |
| C 99 | D 112 |

**200 €**

1.000 - 230 =

| | |
|---|---|
| A 670 | B 750 |
| C 680 | D 770 |

**300 €**

300 - 199 - 1 =

| | |
|---|---|
| A 100 | B 101 |
| C 99 | D 199 |

**500 €**

560 • 2 =

| | |
|---|---|
| A 1.120 | B 1.210 |
| C 1.180 | D 1.160 |

**1.000 €**

Dividiere 3.446 durch 2

| | |
|---|---|
| A 1.725 | B 1.726 |
| C 1.723 | D 1.729 |

**2.000 €**

670 - (34 + 16) =

| | |
|---|---|
| A 630 | B 640 |
| C 620 | D 610 |

**4.000 €**

4.670 - (600 - 40) =

| | |
|---|---|
| A 4.510 | B 3.920 |
| C 4.350 | D 4.110 |

**8.000 €**

88.000 : 20 =

| | |
|---|---|
| A 4.200 | B 3.800 |
| C 4.400 | D 3.900 |

**16.000 €**

87 + ❑ = 126 - 31

| | |
|---|---|
| A 19 | B 8 |
| C 6 | D 7 |

**32.000 €**

11 • ❑ = 130 - 9

| | |
|---|---|
| A 11 | B 8 |
| C 6 | D 7 |

**64.000 €**

330 - 15 - 7 = ❑ • 2

| | |
|---|---|
| A 154 | B 150 |
| C 146 | D 172 |

**125.000 €**

❑ - 66 - 20 = 15 • 8

| | |
|---|---|
| A 204 | B 206 |
| C 208 | D 210 |

**500.000 €**

780 - (542 + 8 + 16) = ❑ : 2

| | |
|---|---|
| A 658 | B 428 |
| C 568 | D 834 |

**1.000.000 €**

44 • 3 • 2 = ❑ • 66

| | |
|---|---|
| A 5 | B 3 |
| C 4 | D 2 |

KOPFRECHEN CHAMPION

Name



## Terme und Gleichungen

**50 €**

10 + 2 • 2 =

| | |
|---|---|
| A 24 | B 14 |
| C 20 | D 22 |

**100 €**

3 • 9 + 4 =

| | |
|---|---|
| A 39 | B 31 |
| C 36 | D 41 |

**200 €**

14 - 4 • 3 =

| | |
|---|---|
| A 2 | B 30 |
| C 4 | D 40 |

**300 €**

99 - 10 • 9 =

| | |
|---|---|
| A 801 | B 101 |
| C 9 | D 431 |

**500 €**

108 - 2 • 6 =

| | |
|---|---|
| A 638 | B 636 |
| C 99 | D 96 |

**1.000 €**

12 • 4 - 27 =

| | |
|---|---|
| A 21 | B 19 |
| C 17 | D 31 |

**2.000 €**

48 : 12 - 4 =

| | |
|---|---|
| A 8 | B 0 |
| C 6 | D 4 |

**4.000 €**

77 - 121 : 11 =

| | |
|---|---|
| A 77 | B 72 |
| C 70 | D 66 |

**8.000 €**

5 • 225 - 240 =

| | |
|---|---|
| A 775 | B 885 |
| C 1.250 | D 925 |

**16.000 €**

678 + 2 • 33 =

| | |
|---|---|
| A 22.440 | B 744 |
| C 22.390 | D 22.560 |

**32.000 €**

6 • 230 - 220 =

| | |
|---|---|
| A 1.230 | B 3.420 |
| C 3.457 | D 1.160 |

**64.000 €**

19 • 3 - 2 • 6 =

| | |
|---|---|
| A 54 | B 46 |
| C 61 | D 45 |

**125.000 €**

Subtrahiere das Produkt aus 12 und 12 von 200

| | |
|---|---|
| A 56 | B 344 |
| C 244 | D 58 |

**500.000 €**

720 - 3 • 4 • 4 =

| | |
|---|---|
| A 658 | B 672 |
| C 568 | D 11.472 |

**1.000.000 €**

129 + 67 • 20 =

| | |
|---|---|
| A 1.456 | B 3.920 |
| C 1.469 | D 2.840 |

**KOPFRECHEN CHAMPION**

Name

Blatt 42

## Terme und Gleichungen

**50 €**

8 + 4 • 3 =

| | |
|---|---|
| A 24 | B 14 |
| C 20 | D 22 |

**100 €**

4 • 7 + 3 =

| | |
|---|---|
| A 39 | B 31 |
| C 36 | D 41 |

**200 €**

23 - 3 • 3 =

| | |
|---|---|
| A 60 | B 14 |
| C 40 | D 13 |

**300 €**

100 - 11 • 9 =

| | |
|---|---|
| A 11 | B 10 |
| C 9 | D 1 |

**500 €**

300 - 2 • 6 =

| | |
|---|---|
| A 288 | B 298 |
| C 299 | D 1.794 |

**1.000 €**

12 • 5 - 31 =

| | |
|---|---|
| A 21 | B 29 |
| C 28 | D 31 |

**2.000 €**

81 : 9 - 9 =

| | |
|---|---|
| A 9 | B 0 |
| C 6 | D 4 |

**4.000 €**

66 - 169 : 13 =

| | |
|---|---|
| A 52 | B 61 |
| C 70 | D 53 |

**8.000 €**

12 • 22 - 120 =

| | |
|---|---|
| A 144 | B 146 |
| C 152 | D 138 |

**16.000 €**

1.430 + 6 • 21 =

| | |
|---|---|
| A 30.056 | B 1.556 |
| C 1.558 | D 30.156 |

**32.000 €**

9 • 81 - 120 =

| | |
|---|---|
| A 606 | B 509 |
| C 612 | D 609 |

**64.000 €**

31 • 3 - 9 • 6 =

| | |
|---|---|
| A 38 | B 39 |
| C 33 | D 45 |

**125.000 €**

Addiere zum Quotienten aus 171 und 19 die Zahl 1

| | |
|---|---|
| A 9 | B 10 |
| C 8 | D 7 |

**500.000 €**

1.346 - 2 • 12 • 4 =

| | |
|---|---|
| A 64.512 | B 1.250 |
| C 65.312 | D 1.300 |

**1.000.000 €**

12.398 + 45 • 30 =

| | |
|---|---|
| A 13.748 | B 13.765 |
| C 14.980 | D 36.789 |

KOPFRECHEN CHAMPION

Name ____________________ Blatt 43

## Terme und Gleichungen

**50 €**

(5 - 2) - 1 =

| | |
|---|---|
| A 4 | B 3 |
| C 2 | D 5 |

**100 €**

(20 - 10) - 9 =

| | |
|---|---|
| A 9 | B 10 |
| C 0 | D 1 |

**200 €**

50 - (20 + 10) =

| | |
|---|---|
| A 20 | B 19 |
| C 40 | D 10 |

**300 €**

45 - (40 - 5) =

| | |
|---|---|
| A 11 | B 10 |
| C 9 | D 12 |

**500 €**

32 • (8 : 4) =

| | |
|---|---|
| A 64 | B 66 |
| C 68 | D 62 |

**1.000 €**

11 • (9 : 3) =

| | |
|---|---|
| A 21 | B 33 |
| C 28 | D 31 |

**2.000 €**

100 - (10 + 15) - (10 + 10) =

| | |
|---|---|
| A 55 | B 66 |
| C 50 | D 52 |

**4.000 €**

475 - (160 + 21 + 39) =

| | |
|---|---|
| A 390 | B 255 |
| C 270 | D 385 |

**8.000 €**

(879 - 120) + 1.200 =

| | |
|---|---|
| A 1.959 | B 1.879 |
| C 1.529 | D 2.100 |

**16.000 €**

13 • (81 : 9) =

| | |
|---|---|
| A 201 | B 119 |
| C 115 | D 117 |

**32.000 €**

84 - (21 - 17) - (23 - 17) =

| | |
|---|---|
| A 66 | B 74 |
| C 72 | D 76 |

**64.000 €**

329 - (114 + 115) + 100 =

| | |
|---|---|
| A 100 | B 200 |
| C 300 | D 400 |

**125.000 €**

(121 : 11) • 110 =

| | |
|---|---|
| A 1.200 | B 1.310 |
| C 1.210 | D 1.420 |

**500.000 €**

(1.000 + 211) - 311 - 99 =

| | |
|---|---|
| A 801 | B 780 |
| C 806 | D 790 |

**1.000.000 €**

(234 + 346) : (460 : 230) =

| | |
|---|---|
| A 290 | B 399 |
| C 255 | D 155 |

KOPFRECHEN CHAMPION

Name



## Terme und Gleichungen

**50 €**

(9 - 4) - 1 =

A 4 | B 3 | C 2 | D 5

**100 €**

(80 - 10) - 3 =

A 69 | B 67 | C 70 | D 65

**200 €**

150 - (90 + 20) =

A 30 | B 50 | C 40 | D 10

**300 €**

44 - (30 - 5) =

A 18 | B 19 | C 20 | D 12

**500 €**

41 • (8 : 4) =

A 84 | B 86 | C 68 | D 82

**1.000 €**

11 • (36 : 3) =

A 121 | B 133 | C 128 | D 132

**2.000 €**

500 - (25 + 15) - (10 + 10) =

A 455 | B 420 | C 450 | D 440

**4.000 €**

1.300 - (16 + 21 + 24) =

A 1.390 | B 1.239 | C 1.241 | D 1.385

**8.000 €**

(636 - 130) + 1.600 =

A 1.959 | B 2.107 | C 2.108 | D 2.106

**16.000 €**

13 • (42 : 7) =

A 76 | B 78 | C 80 | D 77

**32.000 €**

230 - (31 - 17) - (20 - 17) =

A 214 | B 213 | C 215 | D 211

**64.000 €**

999 - (333 + 67) + 100 =

A 699 | B 698 | C 701 | D 691

**125.000 €**

(144 : 12) • 120 =

A 1.240 | B 1.440 | C 1.410 | D 1.420

**500.000 €**

(10.000 + 520) - 420 - 80 =

A 10.020 | B 10.010 | C 10.030 | D 10.040

**1.000.000 €**

(1.345 + 45) : (344 : 172) =

A 690 | B 695 | C 655 | D 710

**KOPFRECHEN CHAMPION**

Name



# Terme und Gleichungen

### 50 €

10 - 2 • 4 =

| | |
|---|---|
| A 32 | B 3 |
| C 2 | D 5 |

### 100 €

20 - 3 • 4 =

| | |
|---|---|
| A 8 | B 68 |
| C 70 | D 7 |

### 200 €

30 + 5 • 5 =

| | |
|---|---|
| A 45 | B 55 |
| C 40 | D 65 |

### 300 €

Rechne vorteilhaft durch Vertauschen
86 + 27 + 14 =

| | |
|---|---|
| A 118 | B 129 |
| C 120 | D 127 |

### 500 €

Rechne vorteilhaft durch Vertauschen
33 + 19 + 17 + 11 =

| | |
|---|---|
| A 84 | B 86 |
| C 68 | D 80 |

### 1.000 €

Rechne vorteilhaft durch Vertauschen
4 • 3 • 25 =

| | |
|---|---|
| A 380 | B 300 |
| C 400 | D 330 |

### 2.000 €

Rechne vorteilhaft durch Vertauschen
(34 + 13 + 66 + 17) • 2 =

| | |
|---|---|
| A 240 | B 260 |
| C 350 | D 360 |

### 4.000 €

300 - 20 - 4 • 15 =

| | |
|---|---|
| A 220 | B 230 |
| C 200 | D 620 |

### 8.000 €

Rechne vorteilhaft durch Vertauschen
30 • 4 • 25 • 5 =

| | |
|---|---|
| A 15.500 | B 14.000 |
| C 16.000 | D 15.000 |

### 16.000 €

(30 - 6) • 2 - 2 • 9 =

| | |
|---|---|
| A 36 | B 30 |
| C 32 | D 34 |

### 32.000 €

(100 - 67) • 3 - 3 • 11 =

| | |
|---|---|
| A 56 | B 66 |
| C 77 | D 68 |

### 64.000 €

18 + 97 + 13 • 2 =

| | |
|---|---|
| A 143 | B 139 |
| C 145 | D 141 |

### 125.000 €

27 + 101 + 33 • 3 =

| | |
|---|---|
| A 312 | B 229 |
| C 198 | D 227 |

### 500.000 €

345 - (225 + 5 • 12) =

| | |
|---|---|
| A 60 | B 80 |
| C 100 | D 120 |

### 1.000.000 €

1.200 - (650 - 50 • 6 - 40) =

| | |
|---|---|
| A 890 | B 980 |
| C 690 | D 710 |

KOPFRECHEN CHAMPION

Name



## Terme und Gleichungen

**50 €**

8 - 2 • 4 =

| A | B |
|---|---|
| 24 | 34 |
| **C** | **D** |
| 2 | 0 |

**100 €**

30 - 3 • 3 =

| A | B |
|---|---|
| 81 | 21 |
| **C** | **D** |
| 70 | 19 |

**200 €**

90 + 5 • 5 =

| A | B |
|---|---|
| 145 | 155 |
| **C** | **D** |
| 115 | 165 |

**300 €**

Rechne vorteilhaft durch Vertauschen
94 + 27 + 16 =

| A | B |
|---|---|
| 139 | 129 |
| **C** | **D** |
| 142 | 137 |

**500 €**

Rechne vorteilhaft durch Vertauschen
43 + 21 + 17 + 19 =

| A | B |
|---|---|
| 100 | 99 |
| **C** | **D** |
| 110 | 90 |

**1.000 €**

Rechne vorteilhaft durch Vertauschen
4 • 6 • 25 =

| A | B |
|---|---|
| 380 | 1.200 |
| **C** | **D** |
| 400 | 600 |

**2.000 €**

Rechne vorteilhaft durch Vertauschen
(44 + 14 + 66 + 16) • 2 =

| A | B |
|---|---|
| 240 | 280 |
| **C** | **D** |
| 350 | 360 |

**4.000 €**

400 - 40 - 4 • 25 =

| A | B |
|---|---|
| 220 | 230 |
| **C** | **D** |
| 200 | 260 |

**8.000 €**

Rechne vorteilhaft durch Vertauschen
40 • 4 • 25 • 4 =

| A | B |
|---|---|
| 15.500 | 16.000 |
| **C** | **D** |
| 18.000 | 15.000 |

**16.000 €**

(80 - 4) • 2 - 2 • 10 =

| A | B |
|---|---|
| 136 | 130 |
| **C** | **D** |
| 132 | 134 |

**32.000 €**

(67 - 66) • 19 - 2 • 9 =

| A | B |
|---|---|
| 1 | 10 |
| **C** | **D** |
| 2 | 5 |

**64.000 €**

31 + 98 + 14 • 2 =

| A | B |
|---|---|
| 153 | 139 |
| **C** | **D** |
| 145 | 157 |

**125.000 €**

56 + 112 + 33 • 3 =

| A | B |
|---|---|
| 267 | 229 |
| **C** | **D** |
| 269 | 227 |

**500.000 €**

467 - (125 + 5 • 13) =

| A | B |
|---|---|
| 286 | 280 |
| **C** | **D** |
| 277 | 220 |

**1.000.000 €**

3.300 - (750 - 50 • 4 - 30) =

| A | B |
|---|---|
| 2.790 | 2.780 |
| **C** | **D** |
| 2.690 | 1.710 |

# KOPFRECHEN CHAMPION

Name

Blatt 47

## Terme und Gleichungen

**50 €**

Multipliziere die Summe aus 1 und 2 mit 2

| | |
|---|---|
| A 7 | B 6 |
| C 4 | D 2 |

**100 €**

Teile 99 durch das Produkt aus 3 und 3

| | |
|---|---|
| A 9 | B 11 |
| C 12 | D 7 |

**200 €**

Dividiere die Differenz aus 300 und 200 durch 10

| | |
|---|---|
| A 10 | B 9 |
| C 12 | D 11 |

**300 €**

Vervielfache 9 mit dem Produkt aus 9 und 9

| | |
|---|---|
| A 1.233 | B 824 |
| C 729 | D 629 |

**500 €**

Addiere die Summe aus 34 und 12 zu 45

| | |
|---|---|
| A 89 | B 99 |
| C 88 | D 91 |

**1.000 €**

Subtrahiere das Produkt aus 3 und 12 von 48

| | |
|---|---|
| A 10 | B 12 |
| C 14 | D 22 |

**2.000 €**

Teile den Quotienten aus 144 und 12 durch 4

| | |
|---|---|
| A 3 | B 4 |
| C 12 | D 1 |

**4.000 €**

Vervielfache die Summe aus 12 und 46 mit 2

| | |
|---|---|
| A 118 | B 116 |
| C 122 | D 124 |

**8.000 €**

Vermindere das Produkt aus 13 und 13 um 59

| | |
|---|---|
| A 115 | B 105 |
| C 120 | D 110 |

**16.000 €**

Subtrahiere vom Produkt aus 8 und 9 das Produkt aus 7 und 6

| | |
|---|---|
| A 25 | B 40 |
| C 32 | D 30 |

**32.000 €**

Subtrahiere vom Produkt aus 11 und 9 die Differenz von 77 und 9

| | |
|---|---|
| A 31 | B 28 |
| C 29 | D 30 |

**64.000 €**

Addiere zum Produkt aus 11 und 8 das Produkt aus 12 und 6

| | |
|---|---|
| A 170 | B 168 |
| C 160 | D 126 |

**125.000 €**

Dividiere den Quotienten aus 150 und 5 durch das Produkt aus 5 und 6

| | |
|---|---|
| A 1 | B 10 |
| C 0 | D 100 |

**500.000 €**

Subtrahiere von der Differenz aus 124 und 50 das Produkt aus 3 und 9

| | |
|---|---|
| A 46 | B 49 |
| C 48 | D 47 |

**1.000.000 €**

Teile die Summe aus 12 und 23 und 120 durch den Quotienten aus 25 und 5

| | |
|---|---|
| A 33 | B 31 |
| C 30 | D 29 |

**KOPFRECHEN CHAMPION**

Name

Blatt 48

## Terme und Gleichungen

**50 €**

Multipliziere die Summe aus 5 und 5 mit 2

| | |
|---|---|
| A 10 | B 100 |
| C 20 | D 2 |

**100 €**

Teile 30 durch das Produkt aus 3 und 10

| | |
|---|---|
| A 10 | B 1 |
| C 0 | D 7 |

**200 €**

Dividiere die Differenz aus 400 und 200 durch 10

| | |
|---|---|
| A 10 | B 20 |
| C 12 | D 200 |

**300 €**

Vervielfache 6 mit dem Produkt aus 6 und 6

| | |
|---|---|
| A 316 | B 214 |
| C 216 | D 112 |

**500 €**

Addiere die Summe aus 45 und 55 zu 65

| | |
|---|---|
| A 165 | B 166 |
| C 188 | D 172 |

**1.000 €**

Subtrahiere das Produkt aus 4 und 12 von 50

| | |
|---|---|
| A 1 | B 12 |
| C 3 | D 2 |

**2.000 €**

Teile den Quotienten aus 225 und 25 durch 3

| | |
|---|---|
| A 3 | B 4 |
| C 12 | D 1 |

**4.000 €**

Vervielfache die Summe aus 57 und 43 mit 2

| | |
|---|---|
| A 1 | B 100 |
| C 2.000 | D 200 |

**8.000 €**

Vermindere das Produkt aus 14 und 3 um 19

| | |
|---|---|
| A 25 | B 24 |
| C 19 | D 23 |

**16.000 €**

Subtrahiere vom Produkt aus 9 und 10 das Produkt aus 7 und 5

| | |
|---|---|
| A 25 | B 65 |
| C 45 | D 55 |

**32.000 €**

Subtrahiere vom Produkt aus 7 und 8 die Differenz von 27 und 18

| | |
|---|---|
| A 46 | B 47 |
| C 49 | D 39 |

**64.000 €**

Addiere zum Produkt aus 12 und 8 das Produkt aus 10 und 6

| | |
|---|---|
| A 170 | B 168 |
| C 160 | D 156 |

**125.000 €**

Dividiere den Quotienten aus 150 und 5 durch das Produkt aus 5 und 6

| | |
|---|---|
| A 2 | B 1 |
| C 0 | D 6 |

**500.000 €**

Subtrahiere von der Differenz aus 123 und 60 das Produkt aus 3 und 6

| | |
|---|---|
| A 46 | B 49 |
| C 48 | D 45 |

**1.000.000 €**

Teile die Summe aus 23 und 56 und 67 durch den Quotienten aus 116 und 58

| | |
|---|---|
| A 63 | B 81 |
| C 73 | D 52 |

KOPFRECHEN CHAMPION

Name



## Terme und Gleichungen

**50 €**

x + 2 = 5

| | |
|---|---|
| A: 2 | B: 3 |
| C: 4 | D: 8 |

**100 €**

x + 12 = 20

| | |
|---|---|
| A: 10 | B: 8 |
| C: 6 | D: 7 |

**200 €**

x - 99 = 1

| | |
|---|---|
| A: 100 | B: 1.000 |
| C: 98 | D: 200 |

**300 €**

45 + 10 + x = 60

| | |
|---|---|
| A: 6 | B: 16 |
| C: 15 | D: 5 |

**500 €**

70 + x + 23 = 100

| | |
|---|---|
| A: 7 | B: 6 |
| C: 8 | D: 9 |

**1.000 €**

23 = x - 50

| | |
|---|---|
| A: 83 | B: 63 |
| C: 67 | D: 73 |

**2.000 €**

y - 12 = 20 - 10

| | |
|---|---|
| A: 23 | B: 24 |
| C: 12 | D: 22 |

**4.000 €**

9 • x = 162 : 2

| | |
|---|---|
| A: 8 | B: 7 |
| C: 11 | D: 9 |

**8.000 €**

140 : 2 = 10 • x

| | |
|---|---|
| A: 8 | B: 6 |
| C: 4 | D: 7 |

**16.000 €**

f : 125 = 8

| | |
|---|---|
| A: 1.000 | B: 100 |
| C: 950 | D: 955 |

**32.000 €**

x : 3 + 8 = 32

| | |
|---|---|
| A: 70 | B: 72 |
| C: 49 | D: 80 |

**64.000 €**

80 : x + 5 = 13

| | |
|---|---|
| A: 10 | B: 9 |
| C: 16 | D: 15 |

**125.000 €**

3 • x + 15 = 48

| | |
|---|---|
| A: 11 | B: 21 |
| C: 7 | D: 6 |

**500.000 €**

49 = y • 8 + 1

| | |
|---|---|
| A: 46 | B: 6 |
| C: 8 | D: 5 |

**1.000.000 €**

103 = a • 12 - 41

| | |
|---|---|
| A: 11 | B: 6 |
| C: 14 | D: 12 |

KOPFRECHEN CHAMPION

Name

Blatt 50

## Terme und Gleichungen

**50 €**

x + 8 = 10

| | |
|---|---|
| A 2 | B 3 |
| C 4 | D 8 |

**100 €**

x + 50 = 70

| | |
|---|---|
| A 10 | B 88 |
| C 20 | D 70 |

**200 €**

x - 10 = 10

| | |
|---|---|
| A 100 | B 1.000 |
| C 30 | D 20 |

**300 €**

70 + 5 + x = 100

| | |
|---|---|
| A 26 | B 25 |
| C 15 | D 55 |

**500 €**

60 + x + 33 = 100

| | |
|---|---|
| A 7 | B 6 |
| C 8 | D 9 |

**1.000 €**

19 = x - 60

| | |
|---|---|
| A 83 | B 63 |
| C 67 | D 79 |

**2.000 €**

y - 23 = 20 - 8

| | |
|---|---|
| A 35 | B 24 |
| C 32 | D 33 |

**4.000 €**

8 • x = 128 : 2

| | |
|---|---|
| A 8 | B 7 |
| C 11 | D 9 |

**8.000 €**

220 : 2 = 10 • x

| | |
|---|---|
| A 8 | B 11 |
| C 12 | D 7 |

**16.000 €**

f : 125 = 10

| | |
|---|---|
| A 1.000 | B 1.250 |
| C 950 | D 1.350 |

**32.000 €**

x : 3 + 7 = 22

| | |
|---|---|
| A 65 | B 45 |
| C 49 | D 40 |

**64.000 €**

128 : x + 8 = 24

| | |
|---|---|
| A 10 | B 8 |
| C 9 | D 11 |

**125.000 €**

3 • x + 17 = 77

| | |
|---|---|
| A 10 | B 20 |
| C 18 | D 19 |

**500.000 €**

82 = y • 9 + 1

| | |
|---|---|
| A 4 | B 9 |
| C 8 | D 5 |

**1.000.000 €**

52 = a • 12 - 56

| | |
|---|---|
| A 9 | B 6 |
| C 8 | D 12 |

**KOPFRECHEN CHAMPION**

Name



## Terme und Gleichungen

**50 €**

x + 3 = 20

| | |
|---|---|
| A 15 | B 17 |
| C 22 | D 19 |

**100 €**

x + 58 = 80

| | |
|---|---|
| A 21 | B 25 |
| C 22 | D 32 |

**200 €**

x - 25 = 30

| | |
|---|---|
| A 45 | B 55 |
| C 35 | D 65 |

**300 €**

110 + 5 + x = 150

| | |
|---|---|
| A 26 | B 35 |
| C 15 | D 55 |

**500 €**

120 + x + 45 = 300

| | |
|---|---|
| A 135 | B 146 |
| C 238 | D 129 |

**1.000 €**

79 = x - 20

| | |
|---|---|
| A 83 | B 99 |
| C 67 | D 79 |

**2.000 €**

y - 3 = 55 - 6

| | |
|---|---|
| A 52 | B 51 |
| C 32 | D 33 |

**4.000 €**

6 • x = 144 : 12

| | |
|---|---|
| A 1 | B 7 |
| C 2 | D 9 |

**8.000 €**

980 : 2 = 10 • x

| | |
|---|---|
| A 55 | B 49 |
| C 48 | D 9 |

**16.000 €**

f : 125 = 20

| | |
|---|---|
| A 2.000 | B 1.250 |
| C 1.950 | D 2.500 |

**32.000 €**

x : 3 + 9 = 48

| | |
|---|---|
| A 65 | B 145 |
| C 117 | D 115 |

**64.000 €**

110 : x + 12 = 34

| | |
|---|---|
| A 6 | B 8 |
| C 9 | D 5 |

**125.000 €**

3 • x + 46 = 112

| | |
|---|---|
| A 10 | B 22 |
| C 18 | D 19 |

**500.000 €**

124 = y • 11 + 3

| | |
|---|---|
| A 11 | B 9 |
| C 8 | D 5 |

**1.000.000 €**

62 = a • 50 - 88

| | |
|---|---|
| A 3 | B 6 |
| C 2 | D 1 |

**KOPFRECHEN CHAMPION**

Name



## Terme und Gleichungen

**50 €**

$3 + 3 \cdot 3 =$

| | |
|---|---|
| A: 18 | B: 12 |
| C: 22 | D: 19 |

**100 €**

$3 \cdot 10 + 13 =$

| | |
|---|---|
| A: 43 | B: 25 |
| C: 42 | D: 32 |

**200 €**

$100 - 3 \cdot 5 =$

| | |
|---|---|
| A: 85 | B: 55 |
| C: 35 | D: 65 |

**300 €**

Addiere zum Quotienten aus 81 und 9 die Zahl 1

| | |
|---|---|
| A: 12 | B: 100 |
| C: 10 | D: 14 |

**500 €**

Vervielfache die Summe aus 56 und 44 mit 2

| | |
|---|---|
| A: 200 | B: 300 |
| C: 20 | D: 12 |

**1.000 €**

Addiere zum Produkt aus 8 und 8 das Produkt aus 10 und 2

| | |
|---|---|
| A: 83 | B: 99 |
| C: 67 | D: 84 |

**2.000 €**

$z - 3 = 50 - 8$

| | |
|---|---|
| A: 52 | B: 51 |
| C: 32 | D: 45 |

**4.000 €**

$575 - (170 + 21 + 40) =$

| | |
|---|---|
| A: 344 | B: 346 |
| C: 245 | D: 243 |

**8.000 €**

$480 : 2 = 10 \cdot x$

| | |
|---|---|
| A: 23 | B: 24 |
| C: 240 | D: 4 |

**16.000 €**

$12 \cdot (81 : 9) =$

| | |
|---|---|
| A: 99 | B: 106 |
| C: 112 | D: 108 |

**32.000 €**

$92 - (21 - 17) - (23 - 17) =$

| | |
|---|---|
| A: 65 | B: 82 |
| C: 72 | D: 92 |

**64.000 €**

$419 - (204 + 115) + 100 =$

| | |
|---|---|
| A: 190 | B: 300 |
| C: 200 | D: 100 |

**125.000 €**

Dividiere den Quotienten aus 300 und 5 durch das Produkt aus 4 und 5

| | |
|---|---|
| A: 3 | B: 2 |
| C: 30 | D: 20 |

**500.000 €**

$124 = a \cdot 12 + 4$

| | |
|---|---|
| A: 10 | B: 9 |
| C: 8 | D: 20 |

**1.000.000 €**

$112 = a \cdot 86 - 60$

| | |
|---|---|
| A: 3 | B: 2 |
| C: 10 | D: 1 |

KOPFRECHEN CHAMPION

Name



## Terme und Gleichungen

**50 €**

1 + 2 • 2 =

| | |
|---|---|
| A 8 | B 6 |
| C 5 | D 9 |

**100 €**

5 • 1 + 9 =

| | |
|---|---|
| A 14 | B 50 |
| C 42 | D 16 |

**200 €**

1.000 - 2 • 50 =

| | |
|---|---|
| A 850 | B 900 |
| C 48.000 | D 49.900 |

**300 €**

Addiere zum Quotienten aus 49 und 7 die Zahl 6

| | |
|---|---|
| A 12 | B 19 |
| C 13 | D 14 |

**500 €**

Vervielfache die Summe aus 6 und 9 mit 3

| | |
|---|---|
| A 55 | B 60 |
| C 20 | D 45 |

**1.000 €**

Addiere zum Produkt aus 7 und 6 das Produkt aus 2 und 2

| | |
|---|---|
| A 46 | B 48 |
| C 47 | D 52 |

**2.000 €**

k - 2 = 90 - 8

| | |
|---|---|
| A 79 | B 81 |
| C 82 | D 84 |

**4.000 €**

730 - (159 + 40 + 11) =

| | |
|---|---|
| A 510 | B 520 |
| C 445 | D 490 |

**8.000 €**

760 : 2 = 10 • x

| | |
|---|---|
| A 23 | B 38 |
| C 24 | D 36 |

**16.000 €**

6 • (121 : 11) =

| | |
|---|---|
| A 99 | B 66 |
| C 60 | D 63 |

**32.000 €**

120 - (90 - 10) - (24 - 17) =

| | |
|---|---|
| A 41 | B 32 |
| C 33 | D 42 |

**64.000 €**

1.230 - (220 + 110) + 150 =

| | |
|---|---|
| A 1.050 | B 1.300 |
| C 1.200 | D 950 |

**125.000 €**

Dividiere den Quotienten aus 1.000 und 5 durch das Produkt aus 4 und 5

| | |
|---|---|
| A 10 | B 2 |
| C 30 | D 20 |

**500.000 €**

148 = x • 7 + 8

| | |
|---|---|
| A 10 | B 9 |
| C 8 | D 20 |

**1.000.000 €**

1.600 = a • 332 - 60

| | |
|---|---|
| A 4 | B 2 |
| C 10 | D 5 |

# KOPFRECHEN CHAMPION

Name

Blatt 54

## Terme und Gleichungen

**50 €**

8 + 1 • 2 =

| | |
|---|---|
| A 10 | B 18 |
| C 1 | D 9 |

**100 €**

10 • 1 + 9 =

| | |
|---|---|
| A 19 | B 100 |
| C 1 | D 1.000 |

**200 €**

10.000 - 2 • 100 =

| | |
|---|---|
| A 8.850 | B 9.000 |
| C 8.000 | D 9.800 |

**300 €**

Subtrahiere vom Quotienten aus 36 und 6 die Zahl 6

| | |
|---|---|
| A 1 | B 2 |
| C 0 | D 36 |

**500 €**

Vervielfache die Differenz aus 12 und 3 mit 3

| | |
|---|---|
| A 39 | B 60 |
| C 27 | D 29 |

**1.000 €**

Addiere zum Produkt aus 3 und 8 die Differenz aus 2 und 2

| | |
|---|---|
| A 46 | B 26 |
| C 47 | D 24 |

**2.000 €**

x - 23 = 100 - 23

| | |
|---|---|
| A 0 | B 23 |
| C 10 | D 100 |

**4.000 €**

480 - (349 + 60 + 11) =

| | |
|---|---|
| A 10 | B 120 |
| C 60 | D 30 |

**8.000 €**

9.800 : 2 = 100 • x

| | |
|---|---|
| A 46 | B 49 |
| C 24 | D 36 |

**16.000 €**

4 • (169 : 13) =

| | |
|---|---|
| A 52 | B 54 |
| C 60 | D 63 |

**32.000 €**

330 - (80 - 10) - (54 - 5) =

| | |
|---|---|
| A 241 | B 232 |
| C 233 | D 211 |

**64.000 €**

3.830 - (920 + 110) + 200 =

| | |
|---|---|
| A 3.000 | B 3.300 |
| C 3.200 | D 2.950 |

**125.000 €**

Multipliziere den Quotienten aus 196 und 14 mit dem Produkt aus 3 und 1

| | |
|---|---|
| A 39 | B 42 |
| C 30 | D 56 |

**500.000 €**

226 = x • 7 + 16

| | |
|---|---|
| A 10 | B 9 |
| C 60 | D 30 |

**1.000.000 €**

780 = a • 30 - 120

| | |
|---|---|
| A 3 | B 10 |
| C 30 | D 300 |

**KOPFRECHEN CHAMPION**

Name



# Terme und Gleichungen

### 50 €

4 + 3 • 3 =

- A: 13
- B: 18
- C: 15
- D: 12

### 100 €

100 • 2 + 20 =

- A: 190
- B: 220
- C: 230
- D: 240

### 200 €

5.000 - 2 • 200 =

- A: 4.900
- B: 5.000
- C: 4.200
- D: 4.600

### 300 €

Subtrahiere vom Quotienten aus 24 und 3 die Zahl 4

- A: 3
- B: 2
- C: 0
- D: 4

### 500 €

Vervielfache die Differenz aus 99 und 9 mit 3

- A: 280
- B: 290
- C: 260
- D: 270

### 1.000 €

Addiere zum Produkt aus 6 und 7 das Produkt aus 9 und 2

- A: 60
- B: 46
- C: 47
- D: 24

### 2.000 €

u - 50 = 190 - 30

- A: 220
- B: 230
- C: 190
- D: 210

### 4.000 €

570 - (239 + 70 + 11) =

- A: 240
- B: 120
- C: 220
- D: 250

### 8.000 €

15.600 : 2 = 100 • x

- A: 78
- B: 76
- C: 74
- D: 88

### 16.000 €

6 • (96 : 12) =

- A: 52
- B: 54
- C: 48
- D: 63

### 32.000 €

120 - (102 - 92) - (19 - 16) =

- A: 105
- B: 109
- C: 106
- D: 107

### 64.000 €

6.760 - (3.980 + 320) + 52 =

- A: 2.512
- B: 3.512
- C: 3.200
- D: 2.950

### 125.000 €

Multipliziere den Quotienten aus 84 und 14 mit dem Produkt aus 3 und 3

- A: 58
- B: 54
- C: 48
- D: 56

### 500.000 €

444 = x • 82 + 34

- A: 7
- B: 5
- C: 6
- D: 8

### 1.000.000 €

1.230 = 10 • b - 280

- A: 1.510
- B: 101
- C: 210
- D: 151

KOPFRECHEN CHAMPION

Name

Blatt 56

# Bruchrechnen

**50 €**

Ein Ausdruck wie $\frac{109}{26}$ heißt

A Natürliche Zahl | B Bruch | C Term | D Variable

**100 €**

Bei $\frac{2}{8}$ ist 2 der

A Bruchstrich | B Bruch | C Nenner | D Zähler

**200 €**

Ein Viertel von … bedeutet

A : 2 | B : 3 | C : 4 | D : 5

**300 €**

1 Viertel von 20 =

A 20 • 4 | B 20 + 4 | C 20 : 4 | D 20 - 4

**500 €**

1 Fünftel von 20 =

A 5 | B 4 | C 3 | D 6

**1.000 €**

$\frac{2}{5}$ bedeutet …

A : 5 • 2 | B : 5 : 2 | C : 10 | D • 10

**2.000 €**

$\frac{3}{4}$ bedeutet …

A : 4 • 3 | B - 4 + 3 | C - 3 + 4 | D + 3 : 4

**4.000 €**

$\frac{3}{4}$ von 16 =

A 12 | B 4 | C 8 | D 16

**8.000 €**

$\frac{2}{5}$ von 15 =

A 10 | B 8 | C 6 | D 4

**16.000 €**

Finde einen unechten Bruch

A $\frac{2}{3}$ | B $\frac{1}{2}$ | C $\frac{7}{8}$ | D $\frac{5}{4}$

**32.000 €**

Schreibe $\frac{5}{4}$ als gemischte Zahl

A $1\frac{3}{4}$ | B $2\frac{1}{4}$ | C $1\frac{1}{2}$ | D $1\frac{1}{4}$

**64.000 €**

Schreibe $\frac{9}{4}$ als gemischte Zahl

A $1\frac{3}{4}$ | B $2\frac{1}{4}$ | C $2\frac{5}{4}$ | D $1\frac{2}{4}$

**125.000 €**

Verwandle $1\frac{7}{8}$ in einen unechten Bruch

A $\frac{16}{8}$ | B $\frac{15}{8}$ | C $\frac{17}{8}$ | D $\frac{14}{8}$

**500.000 €**

Verwandle $2\frac{17}{23}$ in einen unechten Bruch

A $\frac{63}{23}$ | B $\frac{55}{23}$ | C $\frac{68}{23}$ | D $\frac{59}{23}$

**1.000.000 €**

Verwandle $3\frac{23}{26}$ in einen unechten Bruch

A $\frac{109}{26}$ | B $\frac{86}{26}$ | C $\frac{99}{26}$ | D $\frac{101}{26}$

**KOPFRECHEN CHAMPION**

Name



# Bruchrechnen

**50 €**

Bei $\frac{5}{6}$ ist 6 der

| | |
|---|---|
| A Bruchstrich | B Bruch |
| C Nenner | D Zähler |

**100 €**

$1\frac{1}{4}$ ist

| | |
|---|---|
| A ein unechter Bruch | B ein echter Bruch |
| C eine gemischte Zahl | D eine natürliche Zahl |

**200 €**

Ein Fünftel von … bedeutet

| | |
|---|---|
| A : 5 | B • 5 |
| C + 5 | D - 5 |

**300 €**

1 Sechstel von 60 =

| | |
|---|---|
| A 60 • 6 | B 60 + 6 |
| C 60 : 6 | D 60 - 6 |

**500 €**

1 Fünftel von 1.000 =

| | |
|---|---|
| A 200 | B 20 |
| C 25 | D 2 |

**1.000 €**

$\frac{7}{8}$ bedeutet …

| | |
|---|---|
| A : 7 : 8 | B : 8 • 7 |
| C • 7 • 8 | D + 7 : 8 |

**2.000 €**

$\frac{2}{3}$ bedeutet …

| | |
|---|---|
| A : 3 + 2 | B - 2 + 3 |
| C - 3 + 2 | D • 2 : 3 |

**4.000 €**

$\frac{2}{3}$ von 15 =

| | |
|---|---|
| A 15 | B 6 |
| C 5 | D 10 |

**8.000 €**

$\frac{3}{7}$ von 21 =

| | |
|---|---|
| A 6 | B 12 |
| C 14 | D 9 |

**16.000 €**

□ → ( $\cdot \frac{2}{3}$ ) → 12

| | |
|---|---|
| A 18 | B 24 |
| C 16 | D 20 |

**32.000 €**

Schreibe $\frac{13}{3}$ als gemischte Zahl

| | |
|---|---|
| A $4\frac{1}{3}$ | B $4\frac{2}{3}$ |
| C $1\frac{1}{3}$ | D $3\frac{2}{3}$ |

**64.000 €**

$\frac{5}{12}$ von 168 =

| | |
|---|---|
| A 64 | B 70 |
| C 68 | D 66 |

**125.000 €**

Verwandle $2\frac{3}{15}$ in einen unechten Bruch

| | |
|---|---|
| A $\frac{31}{15}$ | B $\frac{32}{15}$ |
| C $\frac{35}{9}$ | D $\frac{33}{15}$ |

**500.000 €**

Verwandle $3\frac{8}{9}$ in einen unechten Bruch

| | |
|---|---|
| A $\frac{31}{9}$ | B $\frac{27}{9}$ |
| C $\frac{35}{9}$ | D $\frac{19}{9}$ |

**1.000.000 €**

27 → ○ → 15

| | |
|---|---|
| A $\cdot \frac{5}{9}$ | B $\cdot \frac{2}{3}$ |
| C $\cdot \frac{7}{9}$ | D $\cdot \frac{3}{4}$ |

**KOPFRECHEN CHAMPION**

Name

Blatt 58

## Bruchrechnen

**50 €**

Bei $\frac{3}{8}$ ist 3 der

- A: Bruchstrich
- B: Bruch
- C: Nenner
- D: Zähler

**100 €**

$2\frac{3}{4}$ ist

- A: ein unechter Bruch
- B: eine gemischte Zahl
- C: ein echter Bruch
- D: eine natürliche Zahl

**200 €**

Ein echter Bruch ist

- A: $\frac{7}{6}$
- B: $\frac{9}{8}$
- C: $\frac{5}{6}$
- D: $\frac{5}{4}$

**300 €**

1 Viertel von 100 =

- A: 20
- B: 25
- C: 30
- D: 10

**500 €**

1 Achtel von 1.000 =

- A: 200
- B: 25
- C: 52
- D: 125

**1.000 €**

$\frac{3}{5}$ bedeutet …

- A: : 3 : 5
- B: • 5 • 5
- C: : 5 • 3
- D: • 5 : 3

**2.000 €**

$\frac{4}{5}$ von 25 =

- A: 15
- B: 20
- C: 30
- D: 5

**4.000 €**

Schreibe $\frac{8}{5}$ als gemischte Zahl

- A: $1\frac{3}{5}$
- B: $1\frac{2}{5}$
- C: $2\frac{3}{5}$
- D: $1\frac{1}{5}$

**8.000 €**

Verwandle $1\frac{3}{7}$ in einen unechten Bruch

- A: $\frac{13}{7}$
- B: $\frac{12}{7}$
- C: $\frac{11}{7}$
- D: $\frac{10}{7}$

**16.000 €**

□ —( $\cdot \frac{3}{4}$ )→ 6

- A: 4
- B: 6
- C: 8
- D: 10

**32.000 €**

Schreibe $\frac{27}{4}$ als gemischte Zahl

- A: $4\frac{1}{3}$
- B: $4\frac{2}{3}$
- C: $6\frac{3}{4}$
- D: $3\frac{2}{3}$

**64.000 €**

$\frac{6}{13}$ von 169 =

- A: 64
- B: 74
- C: 68
- D: 78

**125.000 €**

Verwandle $5\frac{5}{17}$ in einen unechten Bruch

- A: $\frac{90}{17}$
- B: $\frac{85}{17}$
- C: $\frac{80}{17}$
- D: $\frac{75}{17}$

**500.000 €**

21 —○→ 6

- A: $\cdot \frac{2}{7}$
- B: $\cdot \frac{2}{3}$
- C: $\cdot \frac{3}{2}$
- D: $\cdot \frac{3}{7}$

**1.000.000 €**

$\frac{12}{18}$ von 414 =

- A: 298
- B: 276
- C: 324
- D: 312

**KOPFRECHEN CHAMPION**

Name



# Bruchrechnen

**50 €**

$\frac{1}{2}$ ist

- A: $\frac{1}{4}$
- B: $\frac{2}{4}$
- C: 2
- D: $\frac{3}{4}$

**100 €**

Erweitere $\frac{1}{3}$ mit 2

- A: $\frac{2}{3}$
- B: $\frac{2}{6}$
- C: $\frac{1}{6}$
- D: $\frac{3}{3}$

**200 €**

Kürze $\frac{5}{10}$ mit 5

- A: $\frac{1}{2}$
- B: $\frac{1}{10}$
- C: $\frac{5}{2}$
- D: $\frac{5}{5}$

**300 €**

$\frac{2}{8}$ ist

- A: $\frac{1}{8}$
- B: $\frac{2}{4}$
- C: $\frac{2}{3}$
- D: $\frac{1}{4}$

**500 €**

Erweitere $\frac{3}{5}$ mit 6

- A: $\frac{3}{30}$
- B: $\frac{9}{11}$
- C: $\frac{18}{30}$
- D: $\frac{18}{5}$

**1.000 €**

Suche den fehlenden Nenner

$\frac{1}{4} = \frac{4}{\square}$

- A: 16
- B: 20
- C: 12
- D: 8

**2.000 €**

Suche den fehlenden Zähler

$\frac{2}{3} = \frac{\square}{12}$

- A: 2
- B: 4
- C: 6
- D: 8

**4.000 €**

Erweitere $\frac{4}{20}$ auf Hundertstel

- A: $\frac{20}{100}$
- B: $\frac{20}{10}$
- C: $\frac{50}{100}$
- D: $\frac{25}{100}$

**8.000 €**

$\frac{21}{24} = \frac{7}{8}$

Mit welcher Zahl wurde gekürzt?

- A: 7
- B: 3
- C: 4
- D: 6

**16.000 €**

Kürze $\frac{27}{36}$ so weit wie möglich

- A: $\frac{2}{3}$
- B: $\frac{2}{6}$
- C: $\frac{3}{4}$
- D: $\frac{1}{2}$

**32.000 €**

$\frac{3}{4} \neq$

- A: $\frac{6}{12}$
- B: $\frac{12}{16}$
- C: $\frac{75}{100}$
- D: $\frac{6}{8}$

**64.000 €**

$\frac{63}{91} = \frac{9}{13}$

Mit welcher Zahl wurde gekürzt?

- A: 6
- B: 7
- C: 8
- D: 9

**125.000 €**

Erweitere $\frac{15}{16}$ mit 8

- A: $\frac{140}{160}$
- B: $\frac{120}{16}$
- C: $\frac{120}{128}$
- D: $\frac{116}{120}$

**500.000 €**

Kürze $\frac{63}{78}$ mit 3

- A: $\frac{21}{26}$
- B: $\frac{22}{28}$
- C: $\frac{23}{26}$
- D: $\frac{24}{28}$

**1.000.000 €**

Kürze $\frac{48}{72}$ so weit wie möglich

- A: $\frac{3}{4}$
- B: $\frac{1}{3}$
- C: $\frac{1}{4}$
- D: $\frac{2}{3}$

**KOPFRECHEN CHAMPION**

Name



## Bruchrechnen

### 50 €

$\frac{1}{3}$ ist

A $\frac{1}{6}$  
B $\frac{2}{3}$  
C $\frac{2}{6}$  
D $\frac{4}{15}$

### 100 €

Erweitere $\frac{1}{4}$ mit 2

A $\frac{2}{8}$  
B $\frac{1}{8}$  
C $\frac{1}{2}$  
D 2

### 200 €

Kürze $\frac{3}{6}$ mit 3

A $\frac{1}{3}$  
B $\frac{3}{2}$  
C $\frac{1}{2}$  
D $\frac{3}{3}$

### 300 €

$\frac{3}{12}$ ist

A $\frac{6}{12}$  
B $\frac{2}{4}$  
C $\frac{1}{12}$  
D $\frac{1}{4}$

### 500 €

Erweitere $\frac{2}{9}$ mit 4

A $\frac{8}{9}$  
B $\frac{8}{36}$  
C $\frac{8}{30}$  
D $\frac{2}{36}$

### 1.000 €

Suche den fehlenden Nenner

$\frac{1}{5} = \frac{3}{\square}$

A 10  
B 20  
C 15  
D 5

### 2.000 €

Suche den fehlenden Zähler

$\frac{3}{7} = \frac{\square}{21}$

A 12  
B 6  
C 9  
D 3

### 4.000 €

Erweitere $\frac{3}{5}$ auf Hundertstel

A $\frac{20}{100}$  
B $\frac{6}{10}$  
C $\frac{60}{100}$  
D $\frac{40}{100}$

### 8.000 €

$\frac{48}{56} = \frac{6}{7}$

Mit welcher Zahl wurde gekürzt?

A 8  
B 7  
C 6  
D 5

### 16.000 €

Kürze $\frac{15}{40}$ so weit wie möglich

A $\frac{3}{6}$  
B $\frac{5}{8}$  
C $\frac{3}{5}$  
D $\frac{3}{8}$

### 32.000 €

$\frac{2}{3} \neq$

A $\frac{6}{9}$  
B $\frac{8}{12}$  
C $\frac{9}{12}$  
D $\frac{40}{60}$

### 64.000 €

$\frac{125}{375} = \frac{5}{15}$

Mit welcher Zahl wurde gekürzt?

A 23  
B 25  
C 30  
D 15

### 125.000 €

Erweitere $\frac{21}{25}$ mit 8

A $\frac{168}{200}$  
B $\frac{161}{200}$  
C $\frac{148}{100}$  
D $\frac{116}{140}$

### 500.000 €

Kürze $\frac{69}{96}$ mit 3

A $\frac{13}{32}$  
B $\frac{23}{26}$  
C $\frac{23}{32}$  
D $\frac{13}{31}$

### 1.000.000 €

Kürze $\frac{90}{102}$ so weit wie möglich

A $\frac{45}{51}$  
B $\frac{15}{17}$  
C $\frac{9}{10}$  
D $\frac{16}{18}$

KOPFRECHEN CHAMPION

Name



# Bruchrechnen

**50 €**

$\frac{1}{4}$ ist

| | |
|---|---|
| A $\frac{2}{8}$ | B $\frac{1}{8}$ |
| C 2 | D $\frac{2}{4}$ |

**100 €**

Erweitere $\frac{1}{2}$ mit 2

| | |
|---|---|
| A $\frac{2}{4}$ | B $\frac{1}{4}$ |
| C 2 | D $\frac{2}{6}$ |

**200 €**

Kürze $\frac{4}{16}$ mit 4

| | |
|---|---|
| A $\frac{1}{3}$ | B $\frac{1}{16}$ |
| C $\frac{4}{4}$ | D $\frac{1}{4}$ |

**300 €**

$\frac{15}{3}$ ist

| | |
|---|---|
| A $\frac{5}{3}$ | B $\frac{5}{1}$ |
| C $\frac{1}{5}$ | D $\frac{3}{4}$ |

**500 €**

Erweitere $\frac{5}{6}$ mit 5

| | |
|---|---|
| A $\frac{25}{6}$ | B $\frac{25}{30}$ |
| C $\frac{30}{25}$ | D $\frac{5}{30}$ |

**1.000 €**

Suche den fehlenden Nenner

$\frac{3}{4} = \frac{18}{\square}$

| | |
|---|---|
| A 24 | B 28 |
| C 32 | D 36 |

**2.000 €**

Suche den fehlenden Zähler

$\frac{5}{8} = \frac{\square}{64}$

| | |
|---|---|
| A 5 | B 30 |
| C 48 | D 40 |

**4.000 €**

Erweitere $\frac{13}{25}$ auf Hundertstel

| | |
|---|---|
| A $\frac{13}{100}$ | B $\frac{52}{100}$ |
| C $\frac{36}{100}$ | D $\frac{55}{100}$ |

**8.000 €**

$\frac{36}{48} = \frac{3}{4}$

Mit welcher Zahl wurde gekürzt?

| | |
|---|---|
| A 12 | B 9 |
| C 13 | D 14 |

**16.000 €**

Kürze $\frac{120}{200}$ so weit wie möglich

| | |
|---|---|
| A $\frac{12}{20}$ | B $\frac{2}{3}$ |
| C $\frac{6}{10}$ | D $\frac{3}{5}$ |

**32.000 €**

$\frac{3}{5} \neq$

| | |
|---|---|
| A $\frac{6}{10}$ | B $\frac{12}{20}$ |
| C $\frac{27}{45}$ | D $\frac{26}{40}$ |

**64.000 €**

$\frac{51}{102} = \frac{3}{6}$

Mit welcher Zahl wurde gekürzt?

| | |
|---|---|
| A 17 | B 18 |
| C 19 | D 20 |

**125.000 €**

Erweitere $\frac{27}{32}$ mit 9

| | |
|---|---|
| A $\frac{148}{244}$ | B $\frac{243}{288}$ |
| C $\frac{273}{268}$ | D $\frac{183}{258}$ |

**500.000 €**

Kürze $\frac{138}{162}$ mit 6

| | |
|---|---|
| A $\frac{23}{27}$ | B $\frac{22}{26}$ |
| C $\frac{26}{28}$ | D $\frac{24}{25}$ |

**1.000.000 €**

Kürze $\frac{840}{1.440}$ so weit wie möglich

| | |
|---|---|
| A $\frac{8}{13}$ | B $\frac{9}{14}$ |
| C $\frac{7}{12}$ | D $\frac{1}{2}$ |

KOPFRECHEN CHAMPION

Name



## Bruchrechnen

**50 €**

Welcher Bruch ist größer als 1?

A $\frac{1}{3}$ B $\frac{1}{4}$ C $\frac{1}{2}$ D $1\frac{1}{2}$

**100 €**

Welcher Bruch ist kleiner als 1?

A $\frac{3}{5}$ B $1\frac{1}{4}$ C $2\frac{2}{3}$ D $2\frac{3}{5}$

**200 €**

Welcher Bruch ist ungleich 1?

A $\frac{3}{3}$ B $\frac{16}{16}$ C $\frac{2}{4}$ D $\frac{4}{4}$

**300 €**

Nenne den kleinsten Bruch

A $\frac{1}{5}$ B $\frac{2}{5}$ C $\frac{3}{5}$ D $\frac{4}{5}$

**500 €**

Nenne den größten Bruch

A $\frac{4}{6}$ B $\frac{2}{6}$ C $\frac{1}{6}$ D $\frac{5}{6}$

**1.000 €**

Nenne den kleinsten Bruch

A $\frac{1}{3}$ B $\frac{1}{5}$ C $\frac{1}{6}$ D $\frac{1}{9}$

**2.000 €**

Welcher Zähler passt?

$\frac{3}{5} < \frac{\square}{5}$

A 4 B 3 C 2 D 1

**4.000 €**

Welcher Nenner passt?

$\frac{1}{6} < \frac{1}{\square}$

A 6 B 5 C 7 D 8

**8.000 €**

Finde den gemeinsamen Nenner von $\frac{2}{5}$ und $\frac{2}{3}$

A 10 B 15 C 6 D 12

**16.000 €**

Ein Zeichen wurde falsch gesetzt

A $\frac{14}{7} < \frac{16}{7}$ B $\frac{3}{10} > \frac{3}{100}$ C $\frac{5}{8} < \frac{5}{9}$ D $1\frac{2}{3} > 1\frac{1}{3}$

**32.000 €**

Mache die Brüche $\frac{2}{3}$ und $\frac{3}{4}$ gleichnamig

A $\frac{8}{3}$ und $\frac{8}{4}$ B $\frac{6}{12}$ und $\frac{8}{12}$ C $\frac{2}{12}$ und $\frac{3}{12}$ D $\frac{8}{12}$ und $\frac{9}{12}$

**64.000 €**

Nenne den kleinsten Bruch

A $\frac{2}{6}$ B $\frac{2}{3}$ C $\frac{3}{4}$ D $\frac{5}{6}$

**125.000 €**

Nur ein Zeichen wurde richtig gesetzt

A $\frac{2}{3} > \frac{5}{6}$ B $\frac{3}{8} < \frac{1}{4}$ C $\frac{4}{5} > \frac{13}{15}$ D $\frac{8}{21} < \frac{3}{7}$

**500.000 €**

Welcher Bruch liegt genau in der Mitte zwischen $\frac{1}{3}$ und $\frac{1}{5}$

A $\frac{1}{4}$ B $\frac{1}{2}$ C $\frac{4}{15}$ D $\frac{6}{15}$

**1.000.000 €**

Nenne den größten Bruch

A $\frac{2}{3}$ B $\frac{2}{4}$ C $\frac{3}{8}$ D $\frac{5}{6}$

KOPFRECHEN CHAMPION

Name

Blatt 63

# Bruchrechnen

**50 €**

Welcher Bruch ist größer als 1?

A: $1\frac{1}{5}$ B: $\frac{4}{5}$ C: $\frac{1}{2}$ D: $\frac{3}{3}$

**100 €**

Welcher Bruch ist kleiner als 1?

A: $\frac{5}{6}$ B: $1\frac{1}{3}$ C: $\frac{6}{6}$ D: $\frac{7}{5}$

**200 €**

Welcher Bruch ist ungleich 1?

A: $\frac{2}{2}$ B: $\frac{3}{4}$ C: $\frac{1}{1}$ D: $\frac{24}{24}$

**300 €**

Nenne den kleinsten Bruch

A: $\frac{3}{7}$ B: $\frac{5}{7}$ C: $\frac{2}{7}$ D: $\frac{6}{7}$

**500 €**

Nenne den größten Bruch

A: $\frac{7}{8}$ B: $\frac{8}{8}$ C: $\frac{5}{8}$ D: $\frac{2}{8}$

**1.000 €**

Nenne den kleinsten Bruch

A: $\frac{1}{5}$ B: $\frac{1}{2}$ C: $\frac{1}{10}$ D: $\frac{1}{7}$

**2.000 €**

Welcher Zähler passt?

$\frac{4}{6} < \frac{\square}{6}$

A: 4 B: 3 C: 5 D: 2

**4.000 €**

Welcher Nenner passt?

$\frac{1}{4} > \frac{1}{\square}$

A: 5 B: 3 C: 4 D: 2

**8.000 €**

Finde den gemeinsamen Nenner von $\frac{3}{4}$ und $\frac{1}{3}$

A: 6 B: 8 C: 10 D: 12

**16.000 €**

Ein Zeichen wurde falsch gesetzt

A: $\frac{13}{5} > \frac{12}{5}$ B: $\frac{1}{2} > \frac{1}{3}$ C: $\frac{4}{1000} < \frac{4}{100}$ D: $\frac{8}{4} > \frac{8}{3}$

**32.000 €**

Mache die Brüche $\frac{5}{6}$ und $\frac{3}{5}$ gleichnamig

A: $\frac{25}{30}$ und $\frac{18}{30}$ B: $\frac{5}{30}$ und $\frac{3}{30}$ C: $\frac{20}{24}$ und $\frac{12}{24}$ D: $\frac{20}{25}$ und $\frac{15}{25}$

**64.000 €**

Nenne den kleinsten Bruch

A: $1\frac{7}{8}$ B: $\frac{12}{8}$ C: $1\frac{5}{16}$ D: $\frac{11}{4}$

**125.000 €**

Nur ein Zeichen wurde richtig gesetzt

A: $\frac{4}{3} < \frac{7}{6}$ B: $\frac{7}{10} < \frac{3}{4}$ C: $\frac{3}{4} < \frac{7}{12}$ D: $\frac{3}{8} > \frac{5}{6}$

**500.000 €**

Welcher Bruch liegt genau in der Mitte zwischen $\frac{1}{5}$ und $\frac{1}{7}$

A: $\frac{1}{12}$ B: $\frac{1}{2}$ C: $\frac{1}{6}$ D: $\frac{6}{35}$

**1.000.000 €**

Nenne den größten Bruch

A: $\frac{4}{15}$ B: $\frac{13}{40}$ C: $\frac{19}{60}$ D: $\frac{1}{8}$

KOPFRECHEN CHAMPION

Name ____________________ Blatt 64

# Bruchrechnen

**50 €**

$\frac{1}{4} + \frac{2}{4}$

| | |
|---|---|
| A $\frac{3}{5}$ | B $\frac{3}{6}$ |
| C $\frac{3}{4}$ | D $\frac{3}{7}$ |

**100 €**

$\frac{2}{3} - \frac{1}{3}$

| | |
|---|---|
| A $\frac{1}{2}$ | B $\frac{1}{4}$ |
| C $\frac{1}{3}$ | D $\frac{1}{5}$ |

**200 €**

$\frac{2}{8} + \frac{1}{8}$

| | |
|---|---|
| A $\frac{3}{8}$ | B $\frac{3}{16}$ |
| C $\frac{4}{16}$ | D $\frac{1}{8}$ |

**300 €**

$\frac{8}{5} - \frac{3}{5}$

| | |
|---|---|
| A $\frac{5}{1}$ | B $\frac{5}{5}$ |
| C $\frac{6}{5}$ | D $\frac{5}{10}$ |

**500 €**

$\frac{1}{7} + \frac{2}{7} + \frac{4}{7}$

| | |
|---|---|
| A $\frac{6}{7}$ | B $\frac{7}{21}$ |
| C $\frac{8}{7}$ | D $1$ |

**1.000 €**

$\frac{11}{8} - \frac{3}{8} - \frac{5}{8}$

| | |
|---|---|
| A $\frac{3}{8}$ | B $\frac{4}{8}$ |
| C $\frac{3}{1}$ | D $\frac{3}{0}$ |

**2.000 €**

Ergänze den Bruch $\frac{2}{5}$ auf ein Ganzes

| | |
|---|---|
| A $\frac{3}{5}$ | B $\frac{2}{5}$ |
| C $\frac{1}{5}$ | D $\frac{4}{5}$ |

**4.000 €**

$\frac{2}{8} + \square = \frac{6}{8}$

| | |
|---|---|
| A $\frac{3}{8}$ | B $\frac{5}{8}$ |
| C $\frac{4}{8}$ | D $\frac{6}{8}$ |

**8.000 €**

$\square - 1\frac{1}{3} = 3\frac{2}{3}$

| | |
|---|---|
| A $4$ | B $4\frac{1}{3}$ |
| C $4\frac{2}{3}$ | D $5$ |

**16.000 €**

$1\frac{1}{4} + 2\frac{1}{4}$

| | |
|---|---|
| A $3\frac{2}{8}$ | B $2\frac{2}{8}$ |
| C $3\frac{2}{4}$ | D $2\frac{2}{4}$ |

**32.000 €**

$5 - 2\frac{6}{7}$

| | |
|---|---|
| A $3\frac{1}{7}$ | B $2\frac{1}{7}$ |
| C $3\frac{5}{7}$ | D $2\frac{2}{7}$ |

**64.000 €**

$\frac{5}{100} + \frac{5}{100} + \frac{10}{100}$

| | |
|---|---|
| A $\frac{2}{10}$ | B $\frac{5}{10}$ |
| C $\frac{1}{10}$ | D $\frac{15}{10}$ |

**125.000 €**

$3\frac{1}{4} + 2\frac{3}{4} + \frac{1}{4}$

| | |
|---|---|
| A $6$ | B $5\frac{3}{4}$ |
| C $6\frac{1}{4}$ | D $5\frac{6}{4}$ |

**500.000 €**

$5 + \frac{5}{8} + 2\frac{5}{8}$

| | |
|---|---|
| A $8\frac{1}{3}$ | B $8\frac{1}{2}$ |
| C $8\frac{1}{4}$ | D $8\frac{2}{4}$ |

**1.000.000 €**

$\frac{85}{100} - \frac{36}{100} - \frac{9}{100}$

| | |
|---|---|
| A $\frac{39}{100}$ | B $\frac{5}{10}$ |
| C $\frac{5}{8}$ | D $\frac{2}{5}$ |

# Bruchrechnen

**50 €**

$\frac{1}{8} + \frac{2}{8}$

| | |
|---|---|
| A $\frac{3}{8}$ | B $\frac{3}{2}$ |
| C $\frac{3}{4}$ | D $\frac{3}{10}$ |

**100 €**

$\frac{5}{7} - \frac{2}{7}$

| | |
|---|---|
| A $\frac{3}{7}$ | B $\frac{4}{7}$ |
| C $\frac{5}{7}$ | D $\frac{6}{7}$ |

**200 €**

$\frac{1}{2} + \frac{1}{2}$

| | |
|---|---|
| A $\frac{2}{4}$ | B $\frac{1}{2}$ |
| C $\frac{1}{4}$ | D $\frac{2}{2}$ |

**300 €**

$\frac{9}{10} - \frac{5}{10}$

| | |
|---|---|
| A $\frac{4}{10}$ | B 4 |
| C $\frac{4}{6}$ | D $\frac{1}{2}$ |

**500 €**

$\frac{1}{9} + \frac{3}{9} + \frac{2}{9}$

| | |
|---|---|
| A 1 | B $\frac{7}{9}$ |
| C $\frac{6}{9}$ | D $\frac{5}{9}$ |

**1.000 €**

$1\frac{9}{12} - \frac{2}{12} - \frac{7}{12}$

| | |
|---|---|
| A $1\frac{1}{12}$ | B 1 |
| C $2\frac{1}{12}$ | D $\frac{11}{12}$ |

**2.000 €**

Ergänze den Bruch $\frac{3}{3}$ auf ein Ganzes

| | |
|---|---|
| A $\frac{1}{3}$ | B $\frac{3}{3}$ |
| C 0 | D $\frac{3}{1}$ |

**4.000 €**

$\frac{3}{4} + \square = 1\frac{1}{4}$

| | |
|---|---|
| A $\frac{1}{4}$ | B 1 |
| C $\frac{2}{4}$ | D $\frac{3}{4}$ |

**8.000 €**

$\square - 2\frac{1}{5} = 6\frac{4}{5}$

| | |
|---|---|
| A $9\frac{1}{5}$ | B $8\frac{3}{5}$ |
| C 9 | D 8 |

**16.000 €**

$2\frac{1}{3} + 4\frac{2}{3} + \frac{1}{3}$

| | |
|---|---|
| A $7\frac{2}{3}$ | B 8 |
| C $6\frac{2}{3}$ | D $7\frac{1}{3}$ |

**32.000 €**

$9 - 3\frac{2}{9} - \frac{1}{9}$

| | |
|---|---|
| A $5\frac{6}{9}$ | B $5\frac{1}{9}$ |
| C 4 | D $4\frac{8}{9}$ |

**64.000 €**

$\frac{50}{100} + \frac{25}{100} + \frac{25}{100}$

| | |
|---|---|
| A $\frac{1}{10}$ | B $\frac{9}{10}$ |
| C 1 | D $1\frac{1}{15}$ |

**125.000 €**

Bestimme den Platzhalter
$3\frac{2}{3} + 2\frac{1}{3} + \square = 6\frac{2}{3}$

| | |
|---|---|
| A $1\frac{1}{3}$ | B $\frac{2}{3}$ |
| C 2 | D $\frac{1}{3}$ |

**500.000 €**

$2 + \frac{3}{16} + 3\frac{9}{16}$

| | |
|---|---|
| A $5\frac{1}{4}$ | B $5\frac{3}{4}$ |
| C 6 | D $5\frac{3}{16}$ |

**1.000.000 €**

$\frac{57}{100} - \frac{13}{100} - \frac{19}{100}$

| | |
|---|---|
| A $\frac{1}{2}$ | B $\frac{1}{3}$ |
| C $\frac{1}{4}$ | D $\frac{1}{5}$ |

**KOPFRECHEN CHAMPION**

Name

Blatt 66

## Bruchrechnen

### 50 €

$\frac{1}{7} + \frac{3}{7}$

A $\frac{5}{7}$ | B $\frac{4}{14}$ | C $\frac{5}{14}$ | D $\frac{4}{7}$

### 100 €

$\frac{5}{6} - \frac{2}{6}$

A $\frac{2}{6}$ | B $\frac{3}{6}$ | C $\frac{4}{6}$ | D $\frac{5}{6}$

### 200 €

$\frac{3}{4} + \frac{2}{4}$

A $\frac{5}{8}$ | B $1$ | C $\frac{5}{4}$ | D $\frac{6}{4}$

### 300 €

$\frac{9}{8} - \frac{3}{8}$

A $\frac{6}{8}$ | B $\frac{7}{8}$ | C $\frac{8}{8}$ | D $\frac{9}{8}$

### 500 €

$\frac{2}{8} + \frac{4}{8} + \frac{3}{8}$

A $\frac{9}{8}$ | B $1\frac{2}{8}$ | C $\frac{9}{16}$ | D $\frac{6}{16}$

### 1.000 €

$3\frac{5}{7} - \frac{3}{7} - \frac{1}{7}$

A $3$ | B $3\frac{2}{7}$ | C $3\frac{1}{7}$ | D $3\frac{3}{7}$

### 2.000 €

Ergänze den Bruch $\frac{3}{5}$ auf ein Ganzes

A $\frac{2}{5}$ | B $\frac{2}{3}$ | C $\frac{1}{8}$ | D $\frac{3}{4}$

### 4.000 €

$\frac{5}{6} + \square = 3\frac{1}{6}$

A $\frac{7}{6}$ | B $1\frac{5}{6}$ | C $3\frac{1}{6}$ | D $2\frac{2}{6}$

### 8.000 €

$1\frac{4}{10} - \square = \frac{3}{10}$

A $1\frac{2}{10}$ | B $\frac{11}{10}$ | C $\frac{9}{10}$ | D $1$

### 16.000 €

$1\frac{1}{4} + 4\frac{2}{4} + \frac{1}{4}$

A $6$ | B $5\frac{3}{4}$ | C $6\frac{1}{4}$ | D $5$

### 32.000 €

$3\frac{3}{8} - \frac{5}{8}$

A $\frac{18}{8}$ | B $1\frac{4}{8}$ | C $3\frac{3}{8}$ | D $2\frac{6}{8}$

### 64.000 €

$\frac{18}{25} + \frac{23}{25} + \frac{21}{25} + \frac{15}{25}$

A $2\frac{23}{25}$ | B $3\frac{2}{25}$ | C $1\frac{13}{25}$ | D $4\frac{1}{25}$

### 125.000 €

Bestimme den Platzhalter

$2\frac{3}{16} + 1\frac{5}{16} + \square = 5\frac{10}{16}$

A $1\frac{4}{16}$ | B $2\frac{1}{8}$ | C $1\frac{2}{16}$ | D $2\frac{1}{4}$

### 500.000 €

$3 + \frac{7}{20} + \frac{8}{20}$

A $\frac{380}{20}$ | B $11\frac{1}{4}$ | C $3\frac{3}{4}$ | D $\frac{360}{20}$

### 1.000.000 €

$\frac{870}{100} - \frac{129}{100} - \frac{237}{100}$

A $6\frac{13}{100}$ | B $4\frac{1}{10}$ | C $5\frac{1}{25}$ | D $\frac{513}{100}$

KOPFRECHEN CHAMPION

Name



## Bruchrechnen

**50 €**

$\frac{1}{2} + \frac{1}{4}$

| | |
|---|---|
| A $\frac{2}{6}$ | B $\frac{2}{4}$ |
| C $\frac{3}{4}$ | D $\frac{1}{6}$ |

**100 €**

$\frac{1}{4} - \frac{1}{8}$

| | |
|---|---|
| A $\frac{1}{8}$ | B $\frac{1}{4}$ |
| C $\frac{1}{2}$ | D $\frac{1}{3}$ |

**200 €**

$\frac{1}{2} + \frac{1}{8}$

| | |
|---|---|
| A $\frac{5}{8}$ | B $\frac{1}{10}$ |
| C $\frac{2}{10}$ | D $\frac{4}{8}$ |

**300 €**

$\frac{1}{4} - \frac{1}{16}$

| | |
|---|---|
| A $\frac{1}{16}$ | B $\frac{2}{16}$ |
| C $\frac{3}{16}$ | D $\frac{4}{16}$ |

**500 €**

$\frac{2}{6} + \frac{1}{12}$

| | |
|---|---|
| A $\frac{3}{18}$ | B $\frac{5}{12}$ |
| C $\frac{2}{6}$ | D $\frac{3}{24}$ |

**1.000 €**

$\frac{4}{5} - \frac{1}{10}$

| | |
|---|---|
| A $\frac{3}{5}$ | B $\frac{13}{20}$ |
| C $\frac{7}{10}$ | D $\frac{4}{15}$ |

**2.000 €**

$\frac{3}{4} + \frac{1}{6}$

| | |
|---|---|
| A $\frac{3}{10}$ | B $\frac{20}{24}$ |
| C $\frac{4}{10}$ | D $\frac{22}{24}$ |

**4.000 €**

$\frac{4}{5} - \frac{6}{10}$

| | |
|---|---|
| A $\frac{3}{15}$ | B $\frac{2}{5}$ |
| C $\frac{1}{6}$ | D $\frac{2}{10}$ |

**8.000 €**

$\frac{3}{5} + \frac{1}{2}$

| | |
|---|---|
| A $\frac{9}{10}$ | B $\frac{12}{10}$ |
| C $1\frac{1}{10}$ | D $1\frac{3}{10}$ |

**16.000 €**

$2\frac{3}{7} - \frac{1}{2}$

| | |
|---|---|
| A $2\frac{2}{5}$ | B $1\frac{13}{14}$ |
| C $2\frac{3}{7}$ | D $\frac{45}{21}$ |

**32.000 €**

$3\frac{3}{7} + 2\frac{2}{3}$

| | |
|---|---|
| A $5\frac{5}{10}$ | B $6\frac{1}{7}$ |
| C $6\frac{2}{21}$ | D $5\frac{24}{21}$ |

**64.000 €**

$2\frac{1}{5} - 1\frac{1}{2}$

| | |
|---|---|
| A $\frac{7}{10}$ | B $1\frac{1}{3}$ |
| C $1\frac{3}{10}$ | D $\frac{3}{5}$ |

**125.000 €**

$9\frac{8}{10} - 4\frac{5}{10} + \frac{1}{5}$

| | |
|---|---|
| A $5\frac{3}{5}$ | B $4\frac{7}{10}$ |
| C $4$ | D $5\frac{1}{2}$ |

**500.000 €**

$\frac{2}{5} + \frac{3}{4} + \frac{1}{10}$

| | |
|---|---|
| A $\frac{27}{20}$ | B $1\frac{1}{10}$ |
| C $\frac{5}{4}$ | D $\frac{7}{5}$ |

**1.000.000 €**

$\frac{4}{5} - \frac{1}{3} - \frac{1}{4}$

| | |
|---|---|
| A $\frac{13}{60}$ | B $\frac{14}{40}$ |
| C $\frac{12}{60}$ | D $\frac{13}{40}$ |

# KOPFRECHEN CHAMPION

Name



## Bruchrechnen

**50 €** $\frac{1}{2} + \frac{2}{4}$

A: $1$ — B: $\frac{3}{4}$ — C: $\frac{2}{4}$ — D: $\frac{3}{2}$

**100 €** $\frac{1}{2} - \frac{1}{4}$

A: $\frac{1}{8}$ — B: $\frac{1}{4}$ — C: $\frac{1}{2}$ — D: $\frac{1}{3}$

**200 €** $\frac{1}{2} + \frac{1}{6}$

A: $\frac{2}{8}$ — B: $\frac{1}{3}$ — C: $\frac{4}{6}$ — D: $\frac{4}{8}$

**300 €** $\frac{1}{3} - \frac{1}{6}$

A: $\frac{1}{6}$ — B: $\frac{1}{3}$ — C: $\frac{2}{6}$ — D: $\frac{3}{3}$

**500 €** $\frac{2}{7} + \frac{1}{14}$

A: $\frac{2}{21}$ — B: $\frac{4}{7}$ — C: $\frac{5}{14}$ — D: $\frac{3}{5}$

**1.000 €** $\frac{3}{8} - \frac{2}{16}$

A: $\frac{3}{8}$ — B: $\frac{3}{16}$ — C: $\frac{1}{8}$ — D: $\frac{4}{16}$

**2.000 €** $\frac{3}{5} + \frac{1}{6}$

A: $\frac{4}{15}$ — B: $\frac{4}{11}$ — C: $\frac{5}{12}$ — D: $\frac{23}{30}$

**4.000 €** $\frac{6}{8} - \frac{1}{4}$

A: $\frac{4}{8}$ — B: $\frac{3}{4}$ — C: $\frac{1}{6}$ — D: $\frac{1}{3}$

**8.000 €** $\frac{3}{4} + \frac{1}{2}$

A: $1\frac{1}{4}$ — B: $1\frac{3}{2}$ — C: $1\frac{1}{2}$ — D: $1\frac{3}{4}$

**16.000 €** $3\frac{1}{5} - \frac{3}{10}$

A: $2\frac{3}{5}$ — B: $1\frac{8}{10}$ — C: $2\frac{3}{10}$ — D: $2\frac{9}{10}$

**32.000 €** $3\frac{3}{4} + \frac{2}{3}$

A: $3\frac{3}{4}$ — B: $4\frac{1}{3}$ — C: $3\frac{11}{12}$ — D: $4\frac{5}{12}$

**64.000 €** $3\frac{1}{6} - 1\frac{1}{2}$

A: $2\frac{1}{6}$ — B: $1\frac{1}{3}$ — C: $1\frac{4}{6}$ — D: $2\frac{1}{2}$

**125.000 €** $10\frac{3}{8} - 4\frac{5}{8} + \frac{1}{4}$

A: $6\frac{3}{8}$ — B: $5\frac{3}{4}$ — C: $5$ — D: $6$

**500.000 €** $\frac{2}{3} + \frac{1}{2} + \frac{1}{5}$

A: $1\frac{11}{30}$ — B: $2$ — C: $2\frac{6}{15}$ — D: $3\frac{1}{5}$

**1.000.000 €** $\frac{4}{7} - \frac{1}{3} - \frac{1}{6}$

A: $\frac{1}{14}$ — B: $\frac{5}{24}$ — C: $\frac{3}{21}$ — D: $\frac{13}{18}$

Name

Blatt 69

KOPFRECHEN CHAMPION

Bruchrechnen

**50 €**

$$\frac{1}{4} + \frac{2}{8}$$

A: $1$ B: $\frac{3}{4}$ C: $\frac{4}{8}$ D: $\frac{3}{2}$

**100 €**

$$1 - \frac{1}{8}$$

A: $\frac{1}{8}$ B: $\frac{3}{8}$ C: $\frac{7}{8}$ D: $\frac{5}{8}$

**200 €**

$$1 + \frac{1}{2}$$

A: $\frac{3}{2}$ B: $\frac{1}{2}$ C: $\frac{2}{2}$ D: $\frac{4}{2}$

**300 €**

$$\frac{1}{3} - \frac{1}{9}$$

A: $\frac{1}{6}$ B: $\frac{1}{3}$ C: $\frac{2}{6}$ D: $\frac{2}{9}$

**500 €**

$$\frac{3}{5} + \frac{1}{15}$$

A: $\frac{4}{20}$ B: $\frac{10}{15}$ C: $\frac{5}{10}$ D: $\frac{3}{5}$

**1.000 €**

$$\frac{3}{6} - \frac{2}{24}$$

A: $\frac{3}{12}$ B: $\frac{1}{18}$ C: $\frac{5}{6}$ D: $\frac{10}{24}$

**2.000 €**

$$\frac{2}{7} + \frac{2}{3}$$

A: $\frac{4}{10}$ B: $\frac{3}{14}$ C: $\frac{20}{21}$ D: $\frac{18}{20}$

**4.000 €**

$$\frac{6}{8} - \frac{1}{4}$$

A: $\frac{3}{8}$ B: $\frac{3}{4}$ C: $\frac{1}{2}$ D: $\frac{1}{3}$

**8.000 €**

$$1\frac{2}{3} + \frac{5}{6}$$

A: $2\frac{1}{2}$ B: $2\frac{1}{3}$ C: $2\frac{4}{6}$ D: $2\frac{3}{4}$

**16.000 €**

$$5\frac{1}{4} - \frac{5}{8}$$

A: $4\frac{1}{4}$ B: $4\frac{1}{2}$ C: $4\frac{5}{8}$ D: $5$

**32.000 €**

$$\frac{3}{4} + \frac{3}{7}$$

A: $1\frac{5}{28}$ B: $2\frac{1}{4}$ C: $1\frac{5}{24}$ D: $2\frac{3}{4}$

**64.000 €**

$$5\frac{2}{8} - 2\frac{1}{2}$$

A: $2\frac{1}{8}$ B: $2\frac{3}{4}$ C: $1\frac{1}{2}$ D: $2$

**125.000 €**

$$5\frac{1}{2} - 4\frac{1}{3} + \frac{1}{6}$$

A: $\frac{5}{6}$ B: $1\frac{1}{2}$ C: $1\frac{1}{3}$ D: $1$

**500.000 €**

$$\frac{2}{3} + \frac{3}{4} + \frac{11}{12}$$

A: $1\frac{11}{12}$ B: $2\frac{3}{4}$ C: $2\frac{1}{3}$ D: $3$

**1.000.000 €**

$$6\frac{2}{5} - \frac{1}{3} - \frac{2}{10}$$

A: $5\frac{13}{15}$ B: $5$ C: $5\frac{23}{30}$ D: $5\frac{1}{5}$

**KOPFRECHEN CHAMPION**

Name

Blatt 70

## Bruchrechnen

**50 €**

$1 \cdot \frac{1}{2}$

A: $1$ | B: $\frac{1}{2}$ | C: $\frac{2}{2}$ | D: $\frac{3}{2}$

**100 €**

$\frac{1}{3} \cdot 0$

A: $0$ | B: $1$ | C: $\frac{1}{2}$ | D: $\frac{1}{3}$

**200 €**

$2 \cdot \frac{1}{2}$

A: $2$ | B: $\frac{1}{3}$ | C: $\frac{2}{2}$ | D: $\frac{3}{2}$

**300 €**

$3 \cdot \frac{1}{4}$

A: $3$ | B: $\frac{1}{4}$ | C: $\frac{2}{4}$ | D: $\frac{3}{4}$

**500 €**

$\frac{3}{4}$ von 14 bedeutet

A: $\frac{3}{4} + 14$ | B: $\frac{3}{4} - 14$ | C: $\frac{3}{4} \cdot 14$ | D: $\frac{3}{4} : 14$

**1.000 €**

$3 \cdot \frac{1}{6}$

A: $\frac{3}{6}$ | B: $\frac{4}{6}$ | C: $\frac{1}{3}$ | D: $\frac{3}{18}$

**2.000 €**

Schreibe als Multiplikation

$\frac{7}{8} + \frac{7}{8} + \frac{7}{8} + \frac{7}{8} + \frac{7}{8}$

A: $\frac{7}{8} : \frac{7}{8}$ | B: $5 + \frac{7}{8}$ | C: $\frac{7}{8} - \frac{7}{8}$ | D: $5 \cdot \frac{7}{8}$

**4.000 €**

$6 \cdot \frac{3}{7}$

A: $\frac{15}{7}$ | B: $\frac{18}{42}$ | C: $\frac{6}{42}$ | D: $\frac{18}{7}$

**8.000 €**

$\frac{1}{2} \cdot \frac{1}{4}$

A: $\frac{1}{8}$ | B: $\frac{2}{6}$ | C: $\frac{1}{6}$ | D: $\frac{2}{8}$

**16.000 €**

$\frac{1}{4} \cdot \frac{7}{8}$

A: $\frac{8}{12}$ | B: $\frac{8}{32}$ | C: $\frac{7}{32}$ | D: $\frac{7}{12}$

**32.000 €**

$\frac{2}{3} \cdot \frac{3}{5}$

A: $\frac{5}{8}$ | B: $\frac{1}{8}$ | C: $\frac{2}{5}$ | D: $\frac{6}{5}$

**64.000 €**

$\frac{5}{7} \cdot \frac{1}{5}$

A: $\frac{3}{7}$ | B: $\frac{1}{7}$ | C: $\frac{6}{5}$ | D: $\frac{1}{5}$

**125.000 €**

$\square \cdot \frac{5}{6} = \frac{35}{18}$

A: $\frac{7}{3}$ | B: $\frac{6}{5}$ | C: $\frac{8}{3}$ | D: $\frac{5}{3}$

**500.000 €**

$2\frac{2}{3} \cdot \frac{1}{5}$

A: $2\frac{2}{15}$ | B: $2\frac{3}{8}$ | C: $\frac{8}{15}$ | D: $\frac{3}{5}$

**1.000.000 €**

$\frac{1}{2} \cdot \frac{3}{4} \cdot \frac{1}{3}$

A: $\frac{1}{5}$ | B: $\frac{1}{6}$ | C: $\frac{1}{7}$ | D: $\frac{1}{8}$

KOPFRECHEN CHAMPION

Name

Blatt 71

## Bruchrechnen

**50 €**

$1 \cdot \frac{1}{3}$

| | |
|---|---|
| A: $3$ | B: $\frac{1}{2}$ |
| C: $1$ | D: $\frac{1}{3}$ |

**100 €**

$\frac{1}{7} \cdot 0$

| | |
|---|---|
| A: $\frac{1}{7}$ | B: $1$ |
| C: $0$ | D: $\frac{1}{8}$ |

**200 €**

$2 \cdot \frac{1}{4}$

| | |
|---|---|
| A: $\frac{2}{4}$ | B: $\frac{2}{8}$ |
| C: $\frac{3}{4}$ | D: $\frac{1}{8}$ |

**300 €**

$4 \cdot \frac{1}{5}$

| | |
|---|---|
| A: $4$ | B: $\frac{1}{5}$ |
| C: $\frac{5}{5}$ | D: $\frac{4}{5}$ |

**500 €**

$\frac{7}{8}$ von 56 bedeutet

| | |
|---|---|
| A: $\frac{7}{8} + 56$ | B: $\frac{7}{8} - 56$ |
| C: $\frac{7}{8} \cdot 56$ | D: $\frac{7}{8} : 56$ |

**1.000 €**

$4 \cdot \frac{1}{9}$

| | |
|---|---|
| A: $\frac{2}{9}$ | B: $\frac{3}{9}$ |
| C: $\frac{4}{9}$ | D: $\frac{5}{9}$ |

**2.000 €**

Schreibe als Multiplikation

$\frac{3}{10} + \frac{3}{10} + \frac{3}{10} + \frac{3}{10} + \frac{3}{10} + \frac{3}{10} + \frac{3}{10}$

| | |
|---|---|
| A: $100 - \frac{3}{10}$ | B: $7 + \frac{3}{10}$ |
| C: $7 \cdot \frac{3}{10}$ | D: $\frac{3}{10} : \frac{3}{10}$ |

**4.000 €**

$5 \cdot \frac{4}{9}$

| | |
|---|---|
| A: $\frac{5}{9}$ | B: $\frac{1}{9}$ |
| C: $\frac{20}{9}$ | D: $\frac{18}{9}$ |

**8.000 €**

$\frac{1}{3} \cdot \frac{1}{4}$

| | |
|---|---|
| A: $\frac{1}{7}$ | B: $\frac{2}{7}$ |
| C: $\frac{1}{6}$ | D: $\frac{1}{12}$ |

**16.000 €**

$\frac{1}{8} \cdot \frac{3}{5}$

| | |
|---|---|
| A: $\frac{3}{40}$ | B: $\frac{1}{10}$ |
| C: $\frac{4}{13}$ | D: $\frac{7}{20}$ |

**32.000 €**

$\frac{5}{8} \cdot \frac{4}{9}$

| | |
|---|---|
| A: $\frac{4}{7}$ | B: $\frac{9}{17}$ |
| C: $\frac{12}{15}$ | D: $\frac{5}{18}$ |

**64.000 €**

$\square \cdot \frac{3}{7} = \frac{36}{56}$

| | |
|---|---|
| A: $\frac{11}{9}$ | B: $\frac{10}{7}$ |
| C: $\frac{12}{8}$ | D: $\frac{9}{5}$ |

**125.000 €**

$\frac{8}{9} \cdot \square = \frac{48}{81}$

| | |
|---|---|
| A: $\frac{7}{4}$ | B: $\frac{8}{5}$ |
| C: $\frac{6}{9}$ | D: $\frac{5}{4}$ |

**500.000 €**

$3\frac{3}{5} \cdot 1\frac{1}{3}$

| | |
|---|---|
| A: $3\frac{4}{15}$ | B: $4\frac{4}{8}$ |
| C: $\frac{23}{15}$ | D: $4\frac{4}{5}$ |

**1.000.000 €**

$\frac{6}{8} \cdot \frac{2}{3} \cdot \frac{5}{4}$

| | |
|---|---|
| A: $\frac{5}{8}$ | B: $\frac{7}{9}$ |
| C: $\frac{4}{5}$ | D: $\frac{3}{8}$ |

KOPFRECHEN CHAMPION

Name



# Bruchrechnen

**50 €**

$1 \cdot \frac{1}{4}$

- A: $\frac{1}{4}$
- B: $\frac{1}{5}$
- C: $1$
- D: $\frac{1}{2}$

**100 €**

$\frac{1}{2} \cdot 0$

- A: $\frac{1}{2}$
- B: $\frac{1}{4}$
- C: $2$
- D: $0$

**200 €**

$2 \cdot \frac{1}{8}$

- A: $\frac{2}{2}$
- B: $\frac{2}{4}$
- C: $\frac{2}{8}$
- D: $\frac{3}{8}$

**300 €**

$5 \cdot \frac{1}{6}$

- A: $\frac{6}{6}$
- B: $\frac{1}{30}$
- C: $\frac{5}{6}$
- D: $\frac{4}{5}$

**500 €**

$\frac{2}{3}$ von 18 bedeutet

- A: $\frac{2}{3} \cdot 18$
- B: $\frac{2}{3} : 18$
- C: $\frac{2}{3} + 18$
- D: $\frac{2}{3} - 18$

**1.000 €**

$5 \cdot \frac{2}{3}$

- A: $\frac{10}{3}$
- B: $\frac{7}{3}$
- C: $\frac{10}{15}$
- D: $\frac{5}{15}$

**2.000 €**

Schreibe als Multiplikation

$\frac{4}{5} + \frac{4}{5} + \frac{4}{5}$

- A: $3 \cdot \frac{4}{5}$
- B: $\frac{4}{5} + 3$
- C: $\frac{4}{5} \cdot \frac{4}{5}$
- D: $3 : \frac{4}{5}$

**4.000 €**

$6 \cdot \frac{2}{3}$

- A: $5\frac{1}{3}$
- B: $\frac{2}{3}$
- C: $4$
- D: $3\frac{2}{6}$

**8.000 €**

$\frac{2}{3} \cdot \frac{1}{8}$

- A: $\frac{1}{8}$
- B: $\frac{3}{14}$
- C: $\frac{1}{10}$
- D: $\frac{1}{12}$

**16.000 €**

$\frac{3}{8} \cdot \frac{4}{6}$

- A: $\frac{1}{2}$
- B: $\frac{1}{4}$
- C: $\frac{1}{8}$
- D: $\frac{1}{16}$

**32.000 €**

$\frac{7}{3} \cdot \frac{9}{2}$

- A: $\frac{62}{6}$
- B: $\frac{16}{5}$
- C: $10\frac{1}{2}$
- D: $8\frac{1}{3}$

**64.000 €**

$\square \cdot \frac{12}{15} = \frac{144}{255}$

- A: $\frac{11}{13}$
- B: $\frac{10}{19}$
- C: $\frac{12}{17}$
- D: $\frac{13}{15}$

**125.000 €**

$\frac{11}{9} \cdot \square = \frac{121}{216}$

- A: $\frac{11}{24}$
- B: $\frac{10}{25}$
- C: $\frac{9}{26}$
- D: $\frac{8}{27}$

**500.000 €**

$4\frac{4}{6} \cdot 2\frac{2}{7}$

- A: $8\frac{1}{7}$
- B: $9\frac{2}{5}$
- C: $10\frac{2}{3}$
- D: $11$

**1.000.000 €**

$\frac{7}{5} \cdot \frac{4}{9} \cdot \frac{13}{12}$

- A: $\frac{336}{495}$
- B: $\frac{91}{135}$
- C: $\frac{83}{245}$
- D: $\frac{345}{501}$

KOPFRECHEN CHAMPION

Name



## Bruchrechnen

**50 €**

Schreibe als Quotient

$\frac{3}{4}$

- A: 3 + 4
- B: 3 - 4
- C: 3 • 4
- D: 3 : 4

**100 €**

Gib den Wert des Quotienten an

2 : 7

- A: $\frac{1}{4}$
- B: $\frac{2}{4}$
- C: $\frac{1}{7}$
- D: $\frac{2}{7}$

**200 €**

$\frac{2}{3} : 2$

- A: $\frac{1}{2}$
- B: $\frac{1}{6}$
- C: $\frac{1}{3}$
- D: $\frac{2}{8}$

**300 €**

$\frac{3}{8} : 3$

- A: $\frac{9}{8}$
- B: $\frac{6}{8}$
- C: $\frac{1}{8}$
- D: $\frac{1}{24}$

**500 €**

$\frac{6}{8} : 3$

- A: $\frac{2}{8}$
- B: $\frac{2}{4}$
- C: $\frac{2}{3}$
- D: 2

**1.000 €**

$\frac{8}{11} : 4$

- A: $\frac{2}{5}$
- B: $\frac{2}{11}$
- C: $\frac{3}{5}$
- D: $\frac{3}{11}$

**2.000 €**

$\frac{4}{5} : 3$

- A: $\frac{3}{15}$
- B: $\frac{1}{3}$
- C: $\frac{4}{15}$
- D: $\frac{5}{3}$

**4.000 €**

$\frac{1}{2} : 2$

- A: $\frac{1}{4}$
- B: $\frac{1}{5}$
- C: 1
- D: 2

**8.000 €**

$\frac{\square}{7} : 3 = \frac{3}{7}$

- A: 7
- B: 8
- C: 9
- D: 10

**16.000 €**

$1\frac{3}{4} : 7$

- A: $\frac{3}{14}$
- B: $\frac{1}{4}$
- C: $\frac{1}{8}$
- D: $\frac{1}{21}$

**32.000 €**

$2\frac{1}{5} : 2$

- A: $\frac{11}{10}$
- B: $\frac{10}{11}$
- C: $1\frac{1}{2}$
- D: $\frac{1}{10}$

**64.000 €**

$3\frac{1}{3} : 5$

- A: $\frac{1}{3}$
- B: $\frac{2}{3}$
- C: $\frac{1}{5}$
- D: $\frac{2}{5}$

**125.000 €**

$\frac{3}{4} : \frac{3}{4}$

- A: $\frac{1}{3}$
- B: $\frac{1}{4}$
- C: $\frac{9}{16}$
- D: 1

**500.000 €**

$4\frac{3}{8} : 1\frac{3}{4}$

- A: $2\frac{3}{4}$
- B: $4\frac{1}{4}$
- C: $2\frac{1}{2}$
- D: $4\frac{3}{8}$

**1.000.000 €**

$3\frac{1}{5} : \frac{4}{17}$

- A: $13\frac{3}{5}$
- B: $18\frac{2}{9}$
- C: $22\frac{1}{4}$
- D: $27\frac{4}{5}$

# KOPFRECHEN CHAMPION

Name

Blatt 74

## Bruchrechnen

**50 €**

Schreibe als Quotient

$\frac{7}{8}$

A: $7 + 8$ B: $7 - 8$
C: $7 \bullet 8$ D: $7 : 8$

**100 €**

Gib den Wert des Quotienten an

$2 : 5$

A: $\frac{2}{5}$ B: $\frac{2}{4}$
C: $\frac{1}{3}$ D: $\frac{1}{2}$

**200 €**

$\frac{5}{3} : 5$

A: $\frac{1}{2}$ B: $\frac{5}{8}$
C: $\frac{1}{3}$ D: $\frac{5}{4}$

**300 €**

$\frac{6}{2} : 6$

A: $1$ B: $\frac{1}{2}$
C: $\frac{1}{4}$ D: $\frac{1}{6}$

**500 €**

$\frac{15}{8} : 5$

A: $\frac{1}{8}$ B: $\frac{2}{8}$
C: $\frac{3}{8}$ D: $2$

**1.000 €**

$\frac{16}{11} : 4$

A: $\frac{1}{11}$ B: $\frac{2}{11}$
C: $\frac{3}{11}$ D: $\frac{4}{11}$

**2.000 €**

$\frac{20}{9} : 4$

A: $\frac{5}{9}$ B: $\frac{1}{3}$
C: $\frac{4}{9}$ D: $\frac{5}{3}$

**4.000 €**

$\frac{1}{3} : 2$

A: $\frac{1}{3}$ B: $\frac{1}{6}$
C: $1$ D: $2$

**8.000 €**

$\frac{\square}{3} : 5 = \frac{2}{3}$

A: $7$ B: $8$
C: $9$ D: $10$

**16.000 €**

$\frac{3}{4} : 5$

A: $\frac{3}{16}$ B: $\frac{1}{4}$
C: $\frac{1}{5}$ D: $\frac{3}{20}$

**32.000 €**

$3\frac{2}{6} : 2$

A: $\frac{11}{6}$ B: $1\frac{1}{2}$
C: $\frac{5}{3}$ D: $1\frac{3}{4}$

**64.000 €**

$3\frac{2}{4} : 6$

A: $\frac{7}{12}$ B: $\frac{2}{3}$
C: $\frac{1}{6}$ D: $\frac{3}{12}$

**125.000 €**

$\frac{1}{8} : \frac{1}{2}$

A: $\frac{1}{16}$ B: $\frac{1}{4}$
C: $\frac{1}{2}$ D: $1$

**500.000 €**

$\frac{7}{10} : \frac{3}{5}$

A: $\frac{11}{10}$ B: $1\frac{1}{4}$
C: $2\frac{2}{5}$ D: $1\frac{1}{6}$

**1.000.000 €**

$5\frac{2}{5} : 2\frac{2}{3}$

A: $2\frac{1}{40}$ B: $3\frac{2}{37}$
C: $2\frac{1}{80}$ D: $2\frac{1}{15}$

# KOPFRECHEN CHAMPION

Name



## Bruchrechnen

### 50 €
Schreibe als Quotient
$\frac{2}{3}$

- A: 1 : 2
- B: 1 : 3
- C: 3 : 4
- D: 2 : 3

### 100 €
Gib den Wert des Quotienten an
1 : 3

- A: 1
- B: 2
- C: $\frac{1}{3}$
- D: $\frac{1}{2}$

### 200 €
$\frac{3}{4} : 3$

- A: $\frac{1}{2}$
- B: $\frac{1}{3}$
- C: $\frac{1}{4}$
- D: $\frac{1}{5}$

### 300 €
$\frac{9}{10} : 9$

- A: 1
- B: $\frac{1}{10}$
- C: $\frac{1}{9}$
- D: 2

### 500 €
$\frac{21}{4} : 7$

- A: $\frac{2}{7}$
- B: $\frac{2}{8}$
- C: $\frac{3}{4}$
- D: 2

### 1.000 €
$\frac{35}{8} : 5$

- A: $\frac{5}{8}$
- B: $\frac{6}{8}$
- C: $\frac{7}{8}$
- D: $\frac{8}{8}$

### 2.000 €
$\frac{56}{9} : 8$

- A: $\frac{5}{9}$
- B: $\frac{7}{9}$
- C: $\frac{4}{9}$
- D: $\frac{6}{9}$

### 4.000 €
$\frac{1}{4} : 2$

- A: $\frac{1}{8}$
- B: $\frac{1}{4}$
- C: 1
- D: 2

### 8.000 €
$\frac{\square}{7} : 9 = \frac{9}{7}$

- A: 64
- B: 73
- C: 81
- D: 105

### 16.000 €
$\frac{5}{6} : 3$

- A: $\frac{3}{5}$
- B: $\frac{5}{18}$
- C: $1\frac{1}{5}$
- D: $\frac{20}{3}$

### 32.000 €
$1\frac{3}{4} : 2$

- A: $\frac{7}{8}$
- B: $\frac{14}{4}$
- C: $\frac{5}{3}$
- D: $\frac{3}{4}$

### 64.000 €
$5\frac{5}{6} : 10$

- A: $\frac{5}{12}$
- B: $\frac{6}{12}$
- C: $\frac{7}{12}$
- D: $\frac{8}{12}$

### 125.000 €
$\frac{1}{9} : \frac{1}{3}$

- A: $\frac{1}{27}$
- B: $\frac{1}{4}$
- C: $\frac{1}{3}$
- D: $\frac{1}{2}$

### 500.000 €
$1\frac{2}{3} : \frac{5}{6}$

- A: $1\frac{7}{18}$
- B: $2\frac{2}{3}$
- C: 2
- D: $\frac{1}{6}$

### 1.000.000 €
$5\frac{3}{5} : 4\frac{2}{3}$

- A: $\frac{9}{10}$
- B: $1\frac{1}{5}$
- C: $2\frac{2}{3}$
- D: $\frac{7}{2}$

KOPFRECHEN CHAMPION

Name



## Bruchrechnen

### 50 €

$$\frac{3}{12} + \frac{4}{12}$$

- A: $\frac{7}{12}$
- B: $\frac{7}{24}$
- C: $\frac{3}{4}$
- D: $\frac{1}{6}$

### 100 €

$$\frac{7}{9} - \frac{3}{9}$$

- A: $\frac{1}{9}$
- B: $\frac{2}{3}$
- C: $4$
- D: $\frac{4}{9}$

### 200 €

$$\frac{1}{2} \cdot 2$$

- A: $\frac{1}{2}$
- B: $1$
- C: $\frac{1}{4}$
- D: $2$

### 300 €

$$\frac{2}{3} : 2$$

- A: $\frac{1}{3}$
- B: $\frac{3}{4}$
- C: $\frac{1}{6}$
- D: $2$

### 500 €

$$1\frac{4}{5} + \frac{2}{5}$$

- A: $\frac{18}{5}$
- B: $1\frac{6}{10}$
- C: $1\frac{3}{5}$
- D: $2\frac{1}{5}$

### 1.000 €

$$4\frac{2}{7} - 2\frac{3}{7}$$

- A: $1\frac{6}{7}$
- B: $2$
- C: $1\frac{3}{7}$
- D: $2\frac{1}{7}$

### 2.000 €

$$6 \cdot \frac{2}{3}$$

- A: $\frac{12}{18}$
- B: $4$
- C: $2\frac{2}{3}$
- D: $5$

### 4.000 €

$$\frac{72}{5} : 8$$

- A: $\frac{7}{5}$
- B: $\frac{8}{5}$
- C: $\frac{9}{5}$
- D: $2$

### 8.000 €

$$\frac{3}{4} + \frac{2}{6}$$

- A: $1\frac{1}{4}$
- B: $\frac{5}{10}$
- C: $1\frac{2}{6}$
- D: $1\frac{1}{12}$

### 16.000 €

$$5\frac{1}{10} - \frac{3}{5}$$

- A: $4\frac{1}{2}$
- B: $4\frac{3}{10}$
- C: $3\frac{2}{5}$
- D: $3\frac{2}{15}$

### 32.000 €

$$\frac{9}{10} \cdot \frac{2}{3}$$

- A: $\frac{16}{30}$
- B: $\frac{11}{13}$
- C: $\frac{3}{5}$
- D: $\frac{1}{4}$

### 64.000 €

$$3\frac{1}{4} : 4\frac{1}{3}$$

- A: $\frac{1}{2}$
- B: $\frac{3}{4}$
- C: $1\frac{1}{12}$
- D: $1\frac{2}{3}$

### 125.000 €

$$\frac{3}{8} + \frac{3}{4} \cdot 10$$

- A: $7\frac{7}{8}$
- B: $6\frac{1}{4}$
- C: $5$
- D: $8\frac{1}{2}$

### 500.000 €

$$\frac{4}{5} + \frac{2}{3} \cdot 2 - \frac{2}{15}$$

- A: $1\frac{1}{3}$
- B: $\frac{7}{15}$
- C: $1\frac{3}{5}$
- D: $2$

### 1.000.000 €

$$5 \cdot \frac{7}{9} - \frac{1}{3} : \frac{1}{6} - \frac{2}{3} \cdot \frac{7}{6}$$

- A: $2\frac{7}{9}$
- B: $1\frac{1}{9}$
- C: $3\frac{1}{3}$
- D: $\frac{15}{6}$

**KOPFRECHEN CHAMPION**

Name



## Bruchrechnen

**50 €**

$\frac{2}{8} + \frac{3}{8}$

A: $\frac{5}{16}$ | B: $\frac{2}{3}$ | C: $\frac{5}{8}$ | D: $\frac{1}{4}$

**100 €**

$\frac{7}{10} - \frac{3}{10}$

A: $\frac{1}{5}$ | B: $\frac{2}{3}$ | C: $\frac{4}{10}$ | D: 4

**200 €**

$\frac{1}{3} \cdot \frac{1}{2}$

A: $\frac{1}{6}$ | B: 1 | C: $\frac{1}{4}$ | D: $\frac{1}{2}$

**300 €**

$\frac{3}{4} : 3$

A: $\frac{1}{3}$ | B: $\frac{1}{4}$ | C: $\frac{1}{7}$ | D: 1

**500 €**

$1\frac{2}{3} + \frac{1}{3}$

A: $1\frac{3}{4}$ | B: $1\frac{2}{3}$ | C: $1\frac{3}{5}$ | D: 2

**1.000 €**

$5\frac{3}{8} - 1\frac{1}{8}$

A: $4\frac{3}{8}$ | B: $3\frac{7}{8}$ | C: $4\frac{1}{4}$ | D: $4\frac{1}{2}$

**2.000 €**

$5 \cdot \frac{3}{5}$

A: $\frac{15}{25}$ | B: 4 | C: 3 | D: $1\frac{5}{10}$

**4.000 €**

$\frac{121}{12} : 11$

A: 1 | B: $\frac{5}{3}$ | C: $1\frac{1}{6}$ | D: $\frac{11}{12}$

**8.000 €**

$\frac{5}{7} + \frac{2}{3}$

A: $1\frac{8}{21}$ | B: $\frac{7}{8}$ | C: $1\frac{2}{6}$ | D: $\frac{8}{9}$

**16.000 €**

$7\frac{1}{6} - \frac{1}{2}$

A: $5\frac{1}{2}$ | B: $4\frac{1}{2}$ | C: $6\frac{2}{3}$ | D: $3\frac{5}{6}$

**32.000 €**

$\frac{1}{2} \cdot \frac{2}{3} \cdot \frac{6}{5}$

A: $\frac{2}{5}$ | B: $\frac{2}{6}$ | C: $\frac{2}{7}$ | D: $\frac{2}{8}$

**64.000 €**

$5\frac{2}{5} : 6$

A: $\frac{1}{2}$ | B: $\frac{3}{4}$ | C: $\frac{9}{10}$ | D: $1\frac{2}{3}$

**125.000 €**

$(\frac{4}{5} - \frac{2}{3}) \cdot \frac{3}{2}$

A: $\frac{1}{3}$ | B: $\frac{1}{5}$ | C: 5 | D: $\frac{1}{2}$

**500.000 €**

$2 \cdot \frac{2}{5} + 3 \cdot \frac{1}{2}$

A: $2\frac{2}{3}$ | B: $5\frac{1}{2}$ | C: $2\frac{3}{5}$ | D: $2\frac{3}{10}$

**1.000.000 €**

$\frac{3}{8} : \frac{\square}{10} = \frac{5}{8}$

A: 6 | B: 5 | C: 3 | D: 2

KOPFRECHEN CHAMPION

Name



## Bruchrechnen

**50 €**

$\frac{3}{7} + \frac{3}{7}$

A $\frac{6}{7}$ | B $\frac{6}{14}$ | C $\frac{3}{14}$ | D $\frac{1}{4}$

**100 €**

$\frac{8}{12} - \frac{3}{12}$

A $\frac{6}{12}$ | B $\frac{5}{12}$ | C 4 | D 2

**200 €**

$\frac{1}{3} \bullet 4$

A $\frac{4}{3}$ | B 1 | C $\frac{1}{2}$ | D $\frac{1}{12}$

**300 €**

$\frac{5}{4} : 5$

A $\frac{1}{3}$ | B $\frac{1}{4}$ | C $\frac{1}{2}$ | D 1

**500 €**

$1\frac{1}{4} + \frac{2}{4}$

A $1\frac{1}{4}$ | B $1\frac{1}{2}$ | C $1\frac{3}{4}$ | D 2

**1.000 €**

$6\frac{5}{7} - 2\frac{1}{7}$

A $4\frac{1}{8}$ | B $3\frac{7}{8}$ | C $4\frac{1}{7}$ | D $4\frac{4}{7}$

**2.000 €**

$6 \bullet \frac{7}{6}$

A $\frac{42}{36}$ | B 7 | C 2 | D $2\frac{5}{6}$

**4.000 €**

$\frac{169}{15} : 13$

A $\frac{13}{15}$ | B $\frac{4}{3}$ | C $2\frac{1}{5}$ | D $\frac{4}{5}$

**8.000 €**

$\frac{3}{4} + \frac{3}{5}$

A $1\frac{1}{20}$ | B $\frac{2}{3}$ | C $1\frac{7}{20}$ | D $\frac{7}{9}$

**16.000 €**

$8\frac{1}{7} - \frac{1}{3}$

A $6\frac{1}{2}$ | B $5\frac{2}{3}$ | C $8\frac{1}{4}$ | D $7\frac{17}{21}$

**32.000 €**

$\frac{1}{3} \bullet \frac{2}{3} \bullet \frac{9}{10}$

A $\frac{1}{5}$ | B $\frac{1}{6}$ | C $\frac{1}{7}$ | D $\frac{1}{8}$

**64.000 €**

$4\frac{1}{2} : 6$

A $\frac{1}{2}$ | B $\frac{2}{3}$ | C $\frac{3}{4}$ | D $\frac{4}{5}$

**125.000 €**

$(1\frac{1}{2} + \frac{1}{3}) : \frac{121}{18}$

A $\frac{4}{13}$ | B $\frac{2}{5}$ | C $\frac{3}{11}$ | D $\frac{1}{2}$

**500.000 €**

$3 \bullet \frac{2}{5} + 3 \bullet \frac{1}{4} - \frac{2}{10}$

A $4\frac{1}{10}$ | B $3\frac{1}{2}$ | C $2\frac{2}{5}$ | D $1\frac{3}{4}$

**1.000.000 €**

$\frac{3}{4} : \frac{\square}{16} = 1\frac{1}{3}$

A 8 | B 5 | C 4 | D 9

KOPFRECHEN CHAMPION

Name



# Bruchrechnen

**50 €**

Bei $\frac{1}{5}$ ist 5 der

A Nenner | B Zähler | C Bruchstrich | D Bruch

**100 €**

$\frac{1}{5} =$

A $1$ | B $\frac{2}{5}$ | C $\frac{1}{10}$ | D $\frac{2}{10}$

**200 €**

$\frac{3}{8} + \frac{2}{8}$

A $\frac{3}{4}$ | B $1$ | C $\frac{5}{8}$ | D $\frac{5}{16}$

**300 €**

Schreibe $\frac{7}{5}$ als gemischte Zahl

A $1\frac{1}{3}$ | B $1\frac{1}{4}$ | C $1\frac{1}{2}$ | D $1\frac{2}{5}$

**500 €**

$\frac{2}{7} + \square = \frac{6}{7}$

A $\frac{4}{7}$ | B $\frac{1}{7}$ | C $\frac{1}{4}$ | D $\frac{3}{4}$

**1.000 €**

$\frac{1}{2} \cdot \frac{1}{2}$

A $\frac{1}{2}$ | B $\frac{1}{3}$ | C $\frac{1}{4}$ | D $\frac{1}{5}$

**2.000 €**

$\frac{3}{4}$ von 16

A $\frac{1}{4}$ | B $12$ | C $8$ | D $\frac{2}{3}$

**4.000 €**

$\frac{42}{5} : 7$

A $\frac{13}{5}$ | B $\frac{4}{5}$ | C $\frac{6}{5}$ | D $2\frac{2}{5}$

**8.000 €**

$\square - 2\frac{1}{4} = 3\frac{3}{4}$

A $5\frac{3}{4}$ | B $6\frac{1}{2}$ | C $5\frac{1}{4}$ | D $6$

**16.000 €**

$\frac{3}{5} - \frac{2}{4}$

A $\frac{1}{10}$ | B $\frac{3}{20}$ | C $\frac{1}{4}$ | D $\frac{2}{5}$

**32.000 €**

$\frac{1}{4} \cdot \frac{2}{3} \cdot \frac{3}{7}$

A $\frac{1}{15}$ | B $\frac{1}{16}$ | C $\frac{1}{14}$ | D $\frac{1}{18}$

**64.000 €**

Verwandle $2\frac{5}{6}$ in einen unechten Bruch

A $\frac{15}{6}$ | B $\frac{16}{6}$ | C $\frac{17}{6}$ | D $\frac{18}{6}$

**125.000 €**

$5\frac{3}{8} - 3\frac{2}{3}$

A $\frac{13}{12}$ | B $1\frac{17}{24}$ | C $1\frac{3}{16}$ | D $\frac{35}{32}$

**500.000 €**

Kürze $\frac{140}{200}$ so weit wie möglich

A $\frac{7}{10}$ | B $\frac{1}{2}$ | C $\frac{3}{5}$ | D $\frac{3}{4}$

**1.000.000 €**

$\frac{97}{100} - \frac{16}{100} - \frac{21}{100}$

A $\frac{7}{8}$ | B $\frac{2}{3}$ | C $\frac{1}{25}$ | D $\frac{3}{5}$

**KOPFRECHEN CHAMPION**

Name

Blatt 80

## Bruchrechnen

**50 €**

Bei $\frac{2}{3}$ ist 2 der

| | |
|---|---|
| A Nenner | B Zähler |
| C Bruchstrich | D Bruch |

**100 €**

$\frac{1}{2}$ =

| | |
|---|---|
| A $\frac{2}{4}$ | B $\frac{2}{5}$ |
| C $\frac{1}{3}$ | D $\frac{1}{10}$ |

**200 €**

$\frac{7}{10} - \frac{4}{10}$

| | |
|---|---|
| A $\frac{3}{10}$ | B 3 |
| C $\frac{1}{2}$ | D $\frac{3}{5}$ |

**300 €**

Schreibe $\frac{8}{5}$ als gemischte Zahl

| | |
|---|---|
| A $1\frac{1}{3}$ | B $1\frac{1}{4}$ |
| C $1\frac{3}{5}$ | D $1\frac{2}{5}$ |

**500 €**

$\frac{2}{5} + \square = \frac{3}{5}$

| | |
|---|---|
| A $\frac{4}{7}$ | B $\frac{1}{7}$ |
| C $\frac{2}{3}$ | D $\frac{1}{5}$ |

**1.000 €**

$\frac{1}{2} \cdot \frac{1}{5}$

| | |
|---|---|
| A $\frac{2}{5}$ | B $\frac{1}{3}$ |
| C $\frac{1}{10}$ | D $\frac{5}{2}$ |

**2.000 €**

$\frac{2}{3}$ von 27

| | |
|---|---|
| A $\frac{1}{3}$ | B 30 |
| C 18 | D $\frac{3}{4}$ |

**4.000 €**

$\frac{56}{10} : 8$

| | |
|---|---|
| A $\frac{3}{5}$ | B $\frac{7}{10}$ |
| C $\frac{7}{2}$ | D $\frac{8}{10}$ |

**8.000 €**

$\square - 3\frac{1}{2} = 2\frac{1}{4}$

| | |
|---|---|
| A $5\frac{3}{4}$ | B $6\frac{1}{2}$ |
| C $5\frac{1}{4}$ | D 6 |

**16.000 €**

$\frac{3}{8} + \frac{5}{10}$

| | |
|---|---|
| A $\frac{3}{10}$ | B $\frac{2}{5}$ |
| C $\frac{1}{4}$ | D $\frac{7}{8}$ |

**32.000 €**

$\frac{2}{5} \cdot \frac{2}{3} \cdot \frac{9}{8}$

| | |
|---|---|
| A $\frac{3}{10}$ | B $\frac{8}{9}$ |
| C $\frac{1}{5}$ | D $\frac{4}{15}$ |

**64.000 €**

Verwandle $3\frac{7}{8}$ in einen unechten Bruch

| | |
|---|---|
| A $\frac{31}{8}$ | B $\frac{32}{8}$ |
| C $\frac{33}{8}$ | D $\frac{34}{8}$ |

**125.000 €**

$5\frac{3}{6} - 3\frac{5}{6} + \frac{1}{3}$

| | |
|---|---|
| A $1\frac{1}{3}$ | B $1\frac{5}{6}$ |
| C 1 | D 2 |

**500.000 €**

Erweitere $\frac{13}{25}$ mit 8

| | |
|---|---|
| A $\frac{88}{180}$ | B $\frac{94}{210}$ |
| C $\frac{104}{200}$ | D $\frac{118}{190}$ |

**1.000.000 €**

$\frac{7}{8} - \frac{1}{2} - \frac{1}{3}$

| | |
|---|---|
| A $\frac{1}{24}$ | B $\frac{2}{3}$ |
| C $\frac{3}{8}$ | D $\frac{5}{6}$ |

# KOPFRECHEN CHAMPION

## Bruchrechnen

**50 €**

Bei $\frac{4}{5}$ ist 5 der

| | |
|---|---|
| A Nenner | B Zähler |
| C Bruchstrich | D Bruch |

**100 €**

$\frac{1}{2} + \frac{1}{4}$

| | |
|---|---|
| A $\frac{2}{4}$ | B $\frac{1}{2}$ |
| C $\frac{3}{4}$ | D 1 |

**200 €**

$\frac{3}{4}$

| | |
|---|---|
| A $\frac{6}{8}$ | B 3 |
| C $\frac{6}{5}$ | D $\frac{3}{2}$ |

**300 €**

Schreibe $1\frac{3}{7}$ als unechten Bruch

| | |
|---|---|
| A $\frac{9}{7}$ | B $\frac{10}{7}$ |
| C $\frac{11}{7}$ | D $\frac{12}{7}$ |

**500 €**

$\frac{9}{10} - \square = \frac{7}{10}$

| | |
|---|---|
| A 3 | B $\frac{3}{10}$ |
| C 2 | D $\frac{2}{10}$ |

**1.000 €**

$\frac{1}{3} \cdot 3$

| | |
|---|---|
| A 1 | B $\frac{2}{3}$ |
| C 2 | D $\frac{1}{9}$ |

**2.000 €**

$\frac{5}{6}$ von 48

| | |
|---|---|
| A $\frac{1}{6}$ | B 40 |
| C 42 | D $\frac{3}{5}$ |

**4.000 €**

$\frac{27}{5} : 9$

| | |
|---|---|
| A $\frac{3}{5}$ | B $\frac{4}{5}$ |
| C $\frac{1}{9}$ | D $\frac{2}{9}$ |

**8.000 €**

$\square - 1\frac{1}{8} = 2\frac{1}{4}$

| | |
|---|---|
| A $4\frac{1}{2}$ | B $4\frac{3}{4}$ |
| C $3\frac{3}{8}$ | D $3\frac{5}{16}$ |

**16.000 €**

$\frac{1}{6} + \frac{3}{5}$

| | |
|---|---|
| A $\frac{4}{11}$ | B $\frac{4}{30}$ |
| C $\frac{23}{30}$ | D $\frac{3}{15}$ |

**32.000 €**

$\frac{1}{3} \cdot \frac{4}{5} \cdot \frac{6}{8}$

| | |
|---|---|
| A $\frac{2}{10}$ | B $\frac{5}{8}$ |
| C $\frac{1}{3}$ | D $\frac{6}{15}$ |

**64.000 €**

$\frac{36}{90} = \frac{2}{5}$

Mit welcher Zahl wurde gekürzt?

| | |
|---|---|
| A 15 | B 16 |
| C 17 | D 18 |

**125.000 €**

$\frac{1}{8} : \frac{1}{4}$

| | |
|---|---|
| A $\frac{1}{2}$ | B $\frac{1}{4}$ |
| C $\frac{1}{8}$ | D 2 |

**500.000 €**

Welcher Bruch liegt genau in der Mitte zwischen $\frac{1}{7}$ und $\frac{1}{9}$

| | |
|---|---|
| A $\frac{1}{8}$ | B $\frac{1}{2}$ |
| C $\frac{1}{16}$ | D $\frac{8}{63}$ |

**1.000.000 €**

Verwandle $4\frac{17}{26}$ in einen unechten Bruch

| | |
|---|---|
| A $\frac{121}{26}$ | B $\frac{131}{26}$ |
| C $\frac{98}{26}$ | D $\frac{104}{26}$ |

**KOPFRECHEN CHAMPION**

Name

Blatt 82

## Bruchrechnen

**50 €**

Schreibe als Quotient $\frac{5}{7}$

| | |
|---|---|
| A: 5 + 7 | B: 5 - 7 |
| C: 5 • 7 | D: 5 : 7 |

**100 €**

$1 - \frac{1}{9}$

| | |
|---|---|
| A: $\frac{2}{7}$ | B: $\frac{5}{8}$ |
| C: $\frac{8}{9}$ | D: $\frac{1}{9}$ |

**200 €**

$\frac{4}{5} : 4$

| | |
|---|---|
| A: $\frac{1}{8}$ | B: $\frac{1}{5}$ |
| C: $\frac{1}{4}$ | D: $\frac{1}{3}$ |

**300 €**

Ergänze den Bruch $\frac{3}{5}$ auf ein Ganzes

| | |
|---|---|
| A: $\frac{2}{5}$ | B: 1 |
| C: $\frac{1}{2}$ | D: $\frac{3}{4}$ |

**500 €**

$\frac{2}{7} + \square = \frac{5}{7}$

| | |
|---|---|
| A: 3 | B: $\frac{2}{7}$ |
| C: $\frac{3}{7}$ | D: $\frac{4}{7}$ |

**1.000 €**

$\frac{1}{4} \cdot 5$

| | |
|---|---|
| A: $\frac{5}{4}$ | B: $\frac{1}{10}$ |
| C: $1\frac{2}{4}$ | D: $\frac{1}{20}$ |

**2.000 €**

$\frac{5}{6}$ bedeuted

| | |
|---|---|
| A: - 5 + 6 | B: + 5 - 6 |
| C: • 5 : 6 | D: : 5 • 6 |

**4.000 €**

$\frac{4}{6} - \frac{1}{3}$

| | |
|---|---|
| A: $\frac{2}{3}$ | B: $\frac{3}{6}$ |
| C: $\frac{3}{3}$ | D: $\frac{2}{6}$ |

**8.000 €**

$\frac{\square}{3} : 6 = \frac{2}{3}$

| | |
|---|---|
| A: 12 | B: 18 |
| C: 24 | D: 30 |

**16.000 €**

$2\frac{3}{9} - \frac{1}{2}$

| | |
|---|---|
| A: $2\frac{2}{7}$ | B: $1\frac{15}{18}$ |
| C: $\frac{3}{18}$ | D: $1\frac{1}{2}$ |

**32.000 €**

Schreibe $\frac{13}{3}$ als gemischte Zahl

| | |
|---|---|
| A: $2\frac{2}{3}$ | B: $3\frac{1}{3}$ |
| C: $4\frac{1}{3}$ | D: $5\frac{1}{3}$ |

**64.000 €**

$\frac{1}{2} + \frac{3}{4} + \frac{3}{8}$

| | |
|---|---|
| A: $1\frac{5}{8}$ | B: $\frac{14}{8}$ |
| C: $2\frac{1}{8}$ | D: $\frac{11}{8}$ |

**125.000 €**

Nur ein Zeichen wurde richtig gesetzt

| | |
|---|---|
| A: $\frac{3}{8} > \frac{1}{2}$ | B: $\frac{1}{9} > \frac{1}{8}$ |
| C: $\frac{5}{7} > \frac{7}{7}$ | D: $\frac{7}{8} > \frac{3}{4}$ |

**500.000 €**

$\frac{3}{5} : \frac{9}{10}$

| | |
|---|---|
| A: $\frac{2}{3}$ | B: $\frac{1}{2}$ |
| C: $\frac{3}{5}$ | D: 1 |

**1.000.000 €**

$3 \cdot \frac{1}{2} + 4 \cdot \frac{3}{4} - \frac{4}{8}$

| | |
|---|---|
| A: 4 | B: $3\frac{6}{8}$ |
| C: $4\frac{1}{2}$ | D: 3 |

KOPFRECHEN CHAMPION

Name



# Dezimalbrüche

**50 €**

$\frac{1}{10}$

| | |
|---|---|
| A: 1 | B: 0,1 |
| C: 10 | D: 0,01 |

**100 €**

0,3

| | |
|---|---|
| A: $\frac{3}{30}$ | B: $\frac{3}{10}$ |
| C: $\frac{3}{100}$ | D: $\frac{3}{1000}$ |

**200 €**

$1\frac{2}{10}$

| | |
|---|---|
| A: 120 | B: 12 |
| C: 1,2 | D: 1,02 |

**300 €**

Nur ein Zeichen wurde richtig gesetzt

| | |
|---|---|
| A: $2{,}1 > 4{,}1$ | B: $5{,}8 > 3{,}8$ |
| C: $6{,}3 < 2{,}7$ | D: $120{,}9 < 0{,}9$ |

**500 €**

Zerlege die Kommazahl 3,4

| | |
|---|---|
| A: $3 + \frac{4}{1000}$ | B: $3 + \frac{4}{100}$ |
| C: $3 + 4$ | D: $3 + \frac{4}{10}$ |

**1.000 €**

Runde 3,4183 auf Zehntel

| | |
|---|---|
| A: 3 | B: 3,4 |
| C: 3,42 | D: 3,418 |

**2.000 €**

Nur ein Zeichen wurde richtig gesetzt

| | |
|---|---|
| A: 1,20001 = 1,2 | B: 1,2 = 1,200 |
| C: 1,201 = 1,2 | D: 1,2 = 1,20201 |

**4.000 €**

Auf welche Stelle wurde gerundet? 1,3145 ~ 1,31

| | |
|---|---|
| A: Einer | B: Zehntel |
| C: Hundertstel | D: Tausendstel |

**8.000 €**

$42\frac{2}{100}$

| | |
|---|---|
| A: 0,4201 | B: 4,202 |
| C: 42,2 | D: 42,02 |

**16.000 €**

Zerlege die Kommazahl 0,020370

| | |
|---|---|
| A: $\frac{2}{10} + \frac{3}{100} + \frac{7}{1000}$ | B: $\frac{2}{100} + \frac{3}{10000} + \frac{7}{100000}$ |
| C: $2 + \frac{3}{10} + \frac{7}{100}$ | D: $\frac{2}{100} + \frac{3}{1000} + \frac{7}{10000}$ |

**32.000 €**

Runde auf Tausendstel 8,0033

| | |
|---|---|
| A: 8,00 | B: 8,004 |
| C: 8,01 | D: 8,003 |

**64.000 €**

18,102

| | |
|---|---|
| A: $18\frac{12}{10}$ | B: $18\frac{102}{1000}$ |
| C: $18\frac{102}{100}$ | D: $18\frac{12}{1000}$ |

**125.000 €**

Nenne den größten Bruch

| | |
|---|---|
| A: 4,102 | B: 4,13 |
| C: 4,1 | D: 4,11 |

**500.000 €**

Welche der folgenden Strecken kannst du auf 4,8 m runden?

| | |
|---|---|
| A: 481 cm | B: 484 dm |
| C: 47.999 mm | D: 0,04765 km |

**1.000.000 €**

$18\frac{27}{1000}$

| | |
|---|---|
| A: 18,027 | B: 180,27 |
| C: 18,27 | D: 1.802,7 |

**KOPFRECHEN CHAMPION**

Name



## Dezimalbrüche

**50 €**

$\frac{1}{100}$

- A: 1
- B: 0,1
- C: 10
- D: 0,01

**100 €**

0,4

- A: $\frac{4}{40}$
- B: $\frac{4}{10}$
- C: $\frac{4}{100}$
- D: $\frac{4}{1000}$

**200 €**

$1\frac{3}{10}$

- A: 130
- B: 13
- C: 1,03
- D: 1,3

**300 €**

Nur ein Zeichen wurde richtig gesetzt

- A: 5,2 < 4,1
- B: 5,8 < 6,8
- C: 6,3 < 1,7
- D: 12,8 < 0,6

**500 €**

Zerlege die Kommazahl 4,5

- A: $4 + \frac{5}{1000}$
- B: $4 + \frac{5}{100}$
- C: 4 + 5
- D: $4 + \frac{5}{10}$

**1.000 €**

Runde 5,8876 auf Zehntel

- A: 5,9
- B: 6
- C: 5,89
- D: 5,888

**2.000 €**

Nur ein Zeichen wurde richtig gesetzt

- A: 3,40001 = 3,4
- B: 1,2 = 1,203
- C: 3,4 = 3,400
- D: 3,401 = 3,402

**4.000 €**

Auf welche Stelle wurde gerundet?
6,82635 ~ 6,826

- A: Einer
- B: Zehntel
- C: Hundertstel
- D: Tausendstel

**8.000 €**

$25\frac{5}{1000}$

- A: 25,005
- B: 2,505
- C: 25,5
- D: 25,05

**16.000 €**

Zerlege die Kommazahl 0,2009

- A: $\frac{2}{10} + \frac{9}{100000}$
- B: $\frac{2}{100} + \frac{2}{10000}$
- C: $2 + \frac{9}{1000}$
- D: $\frac{2}{100} + \frac{9}{1000}$

**32.000 €**

Runde auf Tausendstel 5,0048

- A: 5,00
- B: 5,01
- C: 5,005
- D: 5,004

**64.000 €**

36,205

- A: $36\frac{25}{100}$
- B: $36\frac{25}{1000}$
- C: $36\frac{205}{100}$
- D: $36\frac{205}{1000}$

**125.000 €**

Nenne den größten Bruch

- A: 5,306
- B: 5,330
- C: 5,313
- D: 5,3060

**500.000 €**

Welche der folgenden Strecken kannst du auf 3,4 m runden?

- A: 346 cm
- B: 342 dm
- C: 3.444 mm
- D: 0,034123 km

**1.000.000 €**

Runde auf Tausendstel 8,98999

- A: 8,990
- B: 9,000
- C: 8,980
- D: 8,989

KOPFRECHEN CHAMPION

Name



# Dezimalbrüche

### 50 €

$\frac{1}{1000}$

A: 1
B: 0,1
C: 0,001
D: 10

### 100 €

0,8

A: $\frac{8}{80}$
B: $\frac{8}{1000}$
C: $\frac{8}{100}$
D: $\frac{8}{10}$

### 200 €

$3\frac{7}{10}$

A: 370
B: 37
C: 3,7
D: 3,07

### 300 €

Nur ein Zeichen wurde richtig gesetzt

A: 5,8 < 5,3
B: 6,9 < 6,1
C: 4,1 < 4,5
D: 13,5 < 1,3

### 500 €

Zerlege die Kommazahl 1,9

A: $1 + \frac{9}{1000}$
B: $1 + \frac{9}{100}$
C: $1 + \frac{9}{10}$
D: 1 + 9

### 1.000 €

Runde 1,82746 auf Zehntel

A: 1,8
B: 2
C: 1,83
D: 1,9

### 2.000 €

Nur ein Zeichen wurde richtig gesetzt

A: 9,260 = 9,2610
B: 1,2 = 1,2001
C: 5,6010 = 5,610
D: 2,1000 = 2,1

### 4.000 €

Auf welche Stelle wurde gerundet?
8,62534 ~ 9

A: Einer
B: Zehntel
C: Hundertstel
D: Tausendstel

### 8.000 €

$7\frac{13}{1000}$

A: 7,13
B: 7,103
C: 7,013
D: 71,03

### 16.000 €

Zerlege die Kommazahl 0,0203

A: $\frac{2}{100} + \frac{3}{10000}$
B: $\frac{2}{10} + \frac{3}{10000}$
C: $2 + \frac{3}{10}$
D: $\frac{2}{100} + \frac{3}{1000}$

### 32.000 €

Runde auf Hundertstel 18,016253

A: 18,016
B: 18,01
C: 18,017
D: 18,02

### 64.000 €

4,012

A: $4\frac{12}{1000}$
B: $4\frac{12}{100}$
C: $4\frac{12}{10}$
D: $41\frac{2}{1000}$

### 125.000 €

Nenne den größten Bruch

A: 8,0012
B: 8,012
C: 8,12
D: 8,0102

### 500.000 €

Welche der folgenden Strecken kannst du auf 52,1 m runden?

A: 5.215 cm
B: 5.219 dm
C: 5.211 mm
D: 0,052123 km

### 1.000.000 €

Runde auf Hundertstel 0,098

A: 0,19
B: 0,10
C: 1,09
D: 0,09

KOPFRECHEN CHAMPION

Name

Blatt 86

## Dezimalbrüche

**50 €**

1 + 1,2

| | |
|---|---|
| A 2,2 | B 1,2 |
| C 0,2 | D 3,2 |

**100 €**

5,7 - 0,2

| | |
|---|---|
| A 2,5 | B 3,5 |
| C 4,5 | D 5,5 |

**200 €**

3,4 + 1,2

| | |
|---|---|
| A 4,5 | B 4,6 |
| C 5,5 | D 5,6 |

**300 €**

0,9 - 0,6

| | |
|---|---|
| A 3 | B 0,2 |
| C 0,3 | D 0,4 |

**500 €**

2,8 + 0,6

| | |
|---|---|
| A 3,2 | B 3,3 |
| C 3,4 | D 3,5 |

**1.000 €**

5,7 - 0,9

| | |
|---|---|
| A 5,2 | B 6,6 |
| C 4,7 | D 4,8 |

**2.000 €**

6,7 + ❑ = 7

| | |
|---|---|
| A 0,3 | B 1,3 |
| C 0,4 | D 1,4 |

**4.000 €**

❑ - 1,5 = 7,2

| | |
|---|---|
| A 9,6 | B 8,7 |
| C 10 | D 7,9 |

**8.000 €**

27,3 + 2,8

| | |
|---|---|
| A 29,9 | B 29,4 |
| C 30,1 | D 30,5 |

**16.000 €**

31,9 - 10,8

| | |
|---|---|
| A 19,8 | B 20 |
| C 20,9 | D 21,1 |

**32.000 €**

3,35 + 0,81

| | |
|---|---|
| A 4,16 | B 3,96 |
| C 4,06 | D 3,9 |

**64.000 €**

9,25 - 3,75

| | |
|---|---|
| A 6,25 | B 6,5 |
| C 5,25 | D 5,5 |

**125.000 €**

0,75 + 3,1 - 0,1

| | |
|---|---|
| A 3,75 | B 3,85 |
| C 3,6 | D 3,7 |

**500.000 €**

10,1 - 8,10 + 5,300 + 3,8

| | |
|---|---|
| A 8,9 | B 9,8 |
| C 10,2 | D 11,1 |

**1.000.000 €**

Welches Zahlenpaar ergibt als Summe 13,8

| | |
|---|---|
| A 3,2 und 8,9 | B 3,9 und 9,7 |
| C 2,9 und 10,9 | D 1,4 und 16,2 |

KOPFRECHEN CHAMPION

Name



## Dezimalbrüche

**50 €**

1 + 1,3

| | |
|---|---|
| A 2,3 | B 1,3 |
| C 0,3 | D 3,3 |

**100 €**

3,7 - 0,3

| | |
|---|---|
| A 3,4 | B 3,5 |
| C 2,5 | D 2,4 |

**200 €**

1,2 + 3,5

| | |
|---|---|
| A 4,5 | B 4,6 |
| C 4,7 | D 4,8 |

**300 €**

1,7 - 0,5

| | |
|---|---|
| A 2,2 | B 0,9 |
| C 12 | D 1,2 |

**500 €**

5,7 + 0,3

| | |
|---|---|
| A 6 | B 6,1 |
| C 5,8 | D 5,9 |

**1.000 €**

3,6 - 1,8

| | |
|---|---|
| A 2,9 | B 5,4 |
| C 1,8 | D 3,2 |

**2.000 €**

5,4 + ❑ = 9

| | |
|---|---|
| A 2,6 | B 3,6 |
| C 4,2 | D 5,1 |

**4.000 €**

❑ - 2,7 = 8,3

| | |
|---|---|
| A 10,9 | B 10,5 |
| C 11 | D 11,2 |

**8.000 €**

13,6 + 4,6

| | |
|---|---|
| A 18,2 | B 17,6 |
| C 18,4 | D 12,8 |

**16.000 €**

27,2 - 12,5

| | |
|---|---|
| A 14,6 | B 15,3 |
| C 14,7 | D 15,2 |

**32.000 €**

1,75 + 0,93

| | |
|---|---|
| A 3,08 | B 2,68 |
| C 1,98 | D 2,48 |

**64.000 €**

6,34 - 2,72

| | |
|---|---|
| A 3,92 | B 3,82 |
| C 3,72 | D 3,62 |

**125.000 €**

0,8 + 2,7 - 0,4 + 0,2

| | |
|---|---|
| A 5 | B 4,8 |
| C 2,9 | D 3,3 |

**500.000 €**

13,4 - 2,2 + 6,900 - 4,10

| | |
|---|---|
| A 12,9 | B 13,2 |
| C 14 | D 15,4 |

**1.000.000 €**

Welches Zahlenpaar ergibt als Differenz 14,5

| | |
|---|---|
| A 20,3 und 8,8 | B 18,4 und 3,9 |
| C 22 und 15,5 | D 16,2 und 3,7 |

KOPFRECHEN CHAMPION

Name



## Dezimalbrüche

**50 €**

2 + 0,6

| | |
|---|---|
| A 2,3 | B 1,6 |
| C 2,6 | D 8 |

**100 €**

5,9 - 0,4

| | |
|---|---|
| A 5,4 | B 5,5 |
| C 5,6 | D 5,7 |

**200 €**

2,3 + 1,6

| | |
|---|---|
| A 3,9 | B 4,8 |
| C 3,8 | D 4,9 |

**300 €**

6,6 - 0,6

| | |
|---|---|
| A 6 | B 7,2 |
| C 6,2 | D 7 |

**500 €**

5,7 + 1,5

| | |
|---|---|
| A 6,9 | B 4,2 |
| C 7,2 | D 5,9 |

**1.000 €**

5,3 - 2,8

| | |
|---|---|
| A 3,5 | B 2,4 |
| C 3,2 | D 2,5 |

**2.000 €**

6,5 + ❑ = 9,1

| | |
|---|---|
| A 3,6 | B 2,6 |
| C 2,7 | D 1,6 |

**4.000 €**

❑ - 3,4 = 7,7

| | |
|---|---|
| A 10,1 | B 10,6 |
| C 11,3 | D 11,1 |

**8.000 €**

26,8 + 15,4

| | |
|---|---|
| A 40,4 | B 41,2 |
| C 42,2 | D 43,4 |

**16.000 €**

33,3 - 12,8

| | |
|---|---|
| A 20,5 | B 21,5 |
| C 19,5 | D 22,5 |

**32.000 €**

5,87 + 3,46

| | |
|---|---|
| A 8,85 | B 9,24 |
| C 9,33 | D 8,93 |

**64.000 €**

8 - 3,83

| | |
|---|---|
| A 3,97 | B 3,86 |
| C 4,17 | D 4,26 |

**125.000 €**

0,7 + 3,5 - 0,3 + 3,3

| | |
|---|---|
| A 7,2 | B 6,5 |
| C 5,3 | D 4,4 |

**500.000 €**

17,8 - 3,2 + 7,200 - 5,6

| | |
|---|---|
| A 14,1 | B 12,6 |
| C 13 | D 16,2 |

**1.000.000 €**

Welches Zahlenpaar ergibt als Differenz 12,3

| | |
|---|---|
| A 18,1 und 5,8 | B 19,5 und 5,2 |
| C 22 und 8,7 | D 16,4 und 3,1 |

KOPFRECHEN CHAMPION

Name



# Dezimalbrüche

**50 €**

1 • 0,3

| | |
|---|---|
| A 0,3 | B 1,3 |
| C 13 | D 3 |

**100 €**

0,4 • 2

| | |
|---|---|
| A 8 | B 0,8 |
| C 0,6 | D 6 |

**200 €**

1,3 • 10

| | |
|---|---|
| A 1,3 | B 0,13 |
| C 13 | D 0,013 |

**300 €**

0,8 • 6

| | |
|---|---|
| A 4,2 | B 4,4 |
| C 4,6 | D 4,8 |

**500 €**

0,7 • 9

| | |
|---|---|
| A 6,3 | B 63 |
| C 0,63 | D 0,063 |

**1.000 €**

Verdopple 3,2

| | |
|---|---|
| A 9,6 | B 32 |
| C 6,4 | D 12,8 |

**2.000 €**

0,5 • ❑ = 4,5

| | |
|---|---|
| A 6 | B 7 |
| C 8 | D 9 |

**4.000 €**

❑ • 8 = 5,6

| | |
|---|---|
| A 0,6 | B 0,7 |
| C 0,8 | D 0,9 |

**8.000 €**

1,3 • 4

| | |
|---|---|
| A 4,8 | B 5,2 |
| C 4,2 | D 5,6 |

**16.000 €**

1,8 • 30

| | |
|---|---|
| A 44 | B 4,4 |
| C 54 | D 5,4 |

**32.000 €**

100 • 0,01

| | |
|---|---|
| A 10 | B 1 |
| C 0,1 | D 0,01 |

**64.000 €**

1,2 • 1,2

| | |
|---|---|
| A 1,44 | B 14,4 |
| C 1,34 | D 13,4 |

**125.000 €**

2,7 • 0,4

| | |
|---|---|
| A 8,1 | B 0,98 |
| C 7,04 | D 1,08 |

**500.000 €**

0,7 • 3,4

| | |
|---|---|
| A 2,38 | B 2,04 |
| C 21,8 | D 22,6 |

**1.000.000 €**

2,7 • 1,3

| | |
|---|---|
| A 3,51 | B 4,81 |
| C 3,61 | D 4,41 |

# KOPFRECHEN CHAMPION

Name



## Dezimalbrüche

**50 €** — 1 • 0,6

| | |
|---|---|
| A 1,6 | B 0,6 |
| C 16 | D 6 |

**100 €** — 0,3 • 2

| | |
|---|---|
| A 8 | B 0,8 |
| C 0,6 | D 6 |

**200 €** — 1,7 • 10

| | |
|---|---|
| A 1,7 | B 0,17 |
| C 17 | D 0,017 |

**300 €** — 0,7 • 5

| | |
|---|---|
| A 3,3 | B 3,4 |
| C 3,5 | D 3,6 |

**500 €** — 0,8 • 8

| | |
|---|---|
| A 64 | B 6,4 |
| C 0,64 | D 0,064 |

**1.000 €** — Verdopple 4,6

| | |
|---|---|
| A 9,2 | B 8,6 |
| C 9,8 | D 8,2 |

**2.000 €** — 0,4 • ❑ = 3,2

| | |
|---|---|
| A 6 | B 7 |
| C 8 | D 9 |

**4.000 €** — ❑ • 6 = 3,6

| | |
|---|---|
| A 0,6 | B 0,7 |
| C 0,8 | D 0,9 |

**8.000 €** — 1,4 • 6

| | |
|---|---|
| A 5 | B 6,4 |
| C 7,4 | D 8,4 |

**16.000 €** — 1,7 • 40

| | |
|---|---|
| A 68 | B 6,8 |
| C 58 | D 5,8 |

**32.000 €** — 1.000 • 0,01

| | |
|---|---|
| A 10 | B 1 |
| C 0,1 | D 0,01 |

**64.000 €** — 1,5 • 1,5

| | |
|---|---|
| A 2,05 | B 10,5 |
| C 2,25 | D 22,5 |

**125.000 €** — 3,6 • 0,6

| | |
|---|---|
| A 2,2 | B 0,84 |
| C 2,16 | D 1,98 |

**500.000 €** — 0,9 • 5,4

| | |
|---|---|
| A 5,66 | B 4,86 |
| C 52,6 | D 46,6 |

**1.000.000 €** — 3,7 • 1,4

| | |
|---|---|
| A 5,68 | B 4,41 |
| C 4,52 | D 5,18 |

KOPFRECHEN CHAMPION

Name



## Dezimalbrüche

**50 €**

1 • 0,9

| | |
|---|---|
| A 1,9 | B 9 |
| C 19 | D 0,9 |

**100 €**

0,6 • 2

| | |
|---|---|
| A 1,2 | B 0,12 |
| C 0,8 | D 8 |

**200 €**

2,1 • 10

| | |
|---|---|
| A 21 | B 0,21 |
| C 2,1 | D 0,021 |

**300 €**

0,3 • 5

| | |
|---|---|
| A 1,6 | B 1,5 |
| C 1,4 | D 1,3 |

**500 €**

0,90 • 7

| | |
|---|---|
| A 63 | B 0,063 |
| C 0,63 | D 6,3 |

**1.000 €**

Verdopple 5,9

| | |
|---|---|
| A 1,08 | B 10,8 |
| C 1,18 | D 11,8 |

**2.000 €**

0,3 • ❑ = 3,6

| | |
|---|---|
| A 12 | B 11 |
| C 10 | D 9 |

**4.000 €**

❑ • 8 = 4

| | |
|---|---|
| A 0,6 | B 2 |
| C 0,8 | D 0,5 |

**8.000 €**

1,6 • 4

| | |
|---|---|
| A 6 | B 6,4 |
| C 8,2 | D 8,4 |

**16.000 €**

1,3 • 60

| | |
|---|---|
| A 68 | B 6,8 |
| C 78 | D 7,8 |

**32.000 €**

1.000 • 0,01

| | |
|---|---|
| A 10 | B 1 |
| C 0,1 | D 0,01 |

**64.000 €**

1,8 • 1,8

| | |
|---|---|
| A 3,24 | B 32,4 |
| C 3,34 | D 33,4 |

**125.000 €**

2,7 • 0,7

| | |
|---|---|
| A 3,29 | B 0,89 |
| C 2,19 | D 1,89 |

**500.000 €**

0,8 • 6,3

| | |
|---|---|
| A 5,04 | B 4,84 |
| C 5,14 | D 4,94 |

**1.000.000 €**

2,8 • 3,4

| | |
|---|---|
| A 8,34 | B 9,52 |
| C 6,76 | D 7,88 |

KOPFRECHEN CHAMPION

Name



# Dezimalbrüche

**50 €**

0,6 : 1

| | |
|---|---|
| A 1,6 | B 0,6 |
| C 16 | D 6 |

**100 €**

0,8 : 4

| | |
|---|---|
| A 2 | B 0,4 |
| C 4 | D 0,2 |

**200 €**

2,1 : 10

| | |
|---|---|
| A 21 | B 0,21 |
| C 2,1 | D 0,021 |

**300 €**

4,9 : 7

| | |
|---|---|
| A 0,7 | B 0,6 |
| C 0,5 | D 0,4 |

**500 €**

0,15 : 5

| | |
|---|---|
| A 30 | B 3 |
| C 0,3 | D 0,03 |

**1.000 €**

Dividiere 8,06 durch 100

| | |
|---|---|
| A 806 | B 0,806 |
| C 0,0806 | D 0,00806 |

**2.000 €**

7,2 : ❑ = 0,8

| | |
|---|---|
| A 12 | B 11 |
| C 10 | D 9 |

**4.000 €**

❑ : 8 = 0,4

| | |
|---|---|
| A 3,6 | B 20 |
| C 3,2 | D 0,5 |

**8.000 €**

36,8 : 4

| | |
|---|---|
| A 9,4 | B 6,4 |
| C 9,2 | D 8,2 |

**16.000 €**

25,25 : 5

| | |
|---|---|
| A 5,05 | B 5,5 |
| C 55 | D 5,1 |

**32.000 €**

18,8 : 10

| | |
|---|---|
| A 188 | B 18,8 |
| C 1,88 | D 0,188 |

**64.000 €**

91,28 : 7

| | |
|---|---|
| A 12,7 | B 13,04 |
| C 12,08 | D 13,6 |

**125.000 €**

108,09 : 9

| | |
|---|---|
| A 1,21 | B 1,201 |
| C 12,1 | D 12,01 |

**500.000 €**

33,55 : 11

| | |
|---|---|
| A 3,05 | B 3,5 |
| C 3,005 | D 35 |

**1.000.000 €**

12,6 : 300

| | |
|---|---|
| A 42 | B 4,2 |
| C 0,42 | D 0,042 |

KOPFRECHEN CHAMPION

Name



## Dezimalbrüche

**50 €**

0,8 : 1

A 0,8 | B 1,8 | C 18 | D 8

**100 €**

0,6 : 2

A 2 | B 0,3 | C 3 | D 0,2

**200 €**

3,8 : 100

A 38 | B 3,8 | C 0,38 | D 0,038

**300 €**

5,6 : 7

A 0,5 | B 0,6 | C 0,7 | D 0,8

**500 €**

0,25 : 5

A 0,05 | B 0,5 | C 5 | D 50

**1.000 €**

Dividiere 0,3 durch 100

A 0,003 | B 0,03 | C 0,3 | D 3

**2.000 €**

8,1 : ☐ = 0,9

A 12 | B 11 | C 10 | D 9

**4.000 €**

☐ : 6 = 0,6

A 3,6 | B 20 | C 3,2 | D 0,5

**8.000 €**

63,7 : 7

A 9,4 | B 9,3 | C 9,2 | D 9,1

**16.000 €**

49,49 : 7

A 7,7 | B 7,1 | C 77 | D 7,07

**32.000 €**

6,3 : 100

A 60,3 | B 603 | C 0,603 | D 0,063

**64.000 €**

78,42 : 6

A 14,8 | B 13,07 | C 14,06 | D 13,7

**125.000 €**

68,08 : 4

A 1,92 | B 182 | C 17,02 | D 16,2

**500.000 €**

144,36 : 12

A 13,3 | B 12,03 | C 1,203 | D 13,03

**1.000.000 €**

25,2 : 400

A 0,48 | B 0,059 | C 0,063 | D 0,64

**KOPFRECHEN CHAMPION**

Name



## Dezimalbrüche

**50 €** — 1,2 : 1

| | |
|---|---|
| A 0,12 | B 12 |
| C 1,2 | D 120 |

**100 €** — 1,8 : 2

| | |
|---|---|
| A 8 | B 0,8 |
| C 9 | D 0,9 |

**200 €** — 1,02 : 10

| | |
|---|---|
| A 0,102 | B 0,12 |
| C 10,2 | D 102 |

**300 €** — 2,1 : 3

| | |
|---|---|
| A 0,5 | B 0,6 |
| C 0,7 | D 0,8 |

**500 €** — 0,16 : 4

| | |
|---|---|
| A 4 | B 0,4 |
| C 40 | D 0,04 |

**1.000 €** — Dividiere 1,7 durch 100

| | |
|---|---|
| A 0,17 | B 0,017 |
| C 1,7 | D 17 |

**2.000 €** — 4,2 : ❑ = 0,6

| | |
|---|---|
| A 6 | B 7 |
| C 8 | D 9 |

**4.000 €** — ❑ : 8 = 0,8

| | |
|---|---|
| A 64 | B 60 |
| C 6,2 | D 6,4 |

**8.000 €** — 54,9 : 9

| | |
|---|---|
| A 6,4 | B 6,3 |
| C 6,2 | D 6,1 |

**16.000 €** — 45,12 : 3

| | |
|---|---|
| A 13,4 | B 13,03 |
| C 15,04 | D 14,3 |

**32.000 €** — 0,22 : 100

| | |
|---|---|
| A 0,0022 | B 220 |
| C 0,022 | D 22 |

**64.000 €** — 115,15 : 5

| | |
|---|---|
| A 21,5 | B 13,3 |
| C 22,03 | D 23,03 |

**125.000 €** — 84,16 : 4

| | |
|---|---|
| A 21,3 | B 21,04 |
| C 20,3 | D 20,04 |

**500.000 €** — 289,17 : 17

| | |
|---|---|
| A 17,01 | B 16,01 |
| C 1,71 | D 15,1 |

**1.000.000 €** — 1,38 : 600

| | |
|---|---|
| A 2,1 | B 0,17 |
| C 0,026 | D 0,0023 |

KOPFRECHEN CHAMPION

Name



# Dezimalbrüche

**50 €**

1 + 1,3

| | |
|---|---|
| A 2,4 | B 2 |
| C 1,4 | D 2,3 |

**100 €**

9,8 - 0,3

| | |
|---|---|
| A 9,5 | B 9 |
| C 6,8 | D 9,1 |

**200 €**

0,3 • 3

| | |
|---|---|
| A 9 | B 6 |
| C 0,9 | D 0,6 |

**300 €**

2,8 : 7

| | |
|---|---|
| A 0,4 | B 0,5 |
| C 0,6 | D 0,7 |

**500 €**

7,3 + 0,7

| | |
|---|---|
| A 7,9 | B 8 |
| C 8,1 | D 8,2 |

**1.000 €**

1,7 - 0,8

| | |
|---|---|
| A 0,8 | B 0,9 |
| C 1 | D 1,1 |

**2.000 €**

0,13 • 100

| | |
|---|---|
| A 0,0013 | B 0,013 |
| C 1,3 | D 13 |

**4.000 €**

❑ : 4 = 0,8

| | |
|---|---|
| A 3,2 | B 3,6 |
| C 4 | D 2,8 |

**8.000 €**

14,3 + 3,9

| | |
|---|---|
| A 18,4 | B 17,7 |
| C 18,2 | D 17,9 |

**16.000 €**

❑ - 4,5 = 21,3

| | |
|---|---|
| A 25,2 | B 26,2 |
| C 25,8 | D 26,8 |

**32.000 €**

35,7 : 7

| | |
|---|---|
| A 5,7 | B 5,001 |
| C 5,1 | D 5,01 |

**64.000 €**

200 • 2,1

| | |
|---|---|
| A 0,42 | B 0,0042 |
| C 420 | D 42 |

**125.000 €**

Welches Rechenzeichen passt?
14,57 ❑ 12,9 = 27,47

| | |
|---|---|
| A + | B - |
| C • | D : |

**500.000 €**

0,3 • 0,4 + x = 2,22

| | |
|---|---|
| A 1,8 | B 2 |
| C 2,1 | D 2,04 |

**1.000.000 €**

(1,4 + 2,8) : 0,6 + 3

| | |
|---|---|
| A 8,5 | B 9,7 |
| C 10 | D 12,3 |

**KOPFRECHEN CHAMPION**

Name

Blatt 96

## Dezimalbrüche

**50 €**

0,4 + 2

A 2,4 — B 6 — C 1,4 — D 0,6

**100 €**

2,5 - 0,4

A 2,2 — B 2 — C 2,3 — D 2,1

**200 €**

0,4 • 5

A 2 — B 20 — C 0,2 — D 0,02

**300 €**

1,2 : 3

A 0,3 — B 0,4 — C 0,5 — D 0,6

**500 €**

5,2 + 0,9

A 5,9 — B 6 — C 6,1 — D 6,2

**1.000 €**

2,3 - 0,5

A 1,8 — B 1,9 — C 2 — D 2,1

**2.000 €**

0,29 • 1.000

A 0,00029 — B 2,9 — C 29 — D 290

**4.000 €**

❑ : 5 = 1,2

A 5,5 — B 6 — C 65 — D 0,7

**8.000 €**

21,5 + 11,7

A 33,2 — B 32,2 — C 33,1 — D 32,1

**16.000 €**

❑ - 13,1 = 23,3

A 36 — B 36,4 — C 46,4 — D 38,4

**32.000 €**

36,12 : 6

A 5,02 — B 6,02 — C 5,3 — D 6,2

**64.000 €**

30 • 3,3

A 0,99 — B 0,0099 — C 990 — D 99

**125.000 €**

Welches Rechenzeichen passt?
2,3 ❑ 0,7 = 1,61

A + — B - — C • — D :

**500.000 €**

5 • 1,3 + x = 10

A 2,7 — B 3,5 — C 4,5 — D 5,08

**1.000.000 €**

(1,6 + 3,8) : 0,9 - 2,5

A 4 — B 2,88 — C 8,3 — D 3,5

KOPFRECHEN CHAMPION

Name



## Dezimalbrüche

**50 €** — 3 + 0,3

| | |
|---|---|
| A 0,6 | B 6 |
| C 3,3 | D 3,6 |

**100 €** — 6,7 - 0,6

| | |
|---|---|
| A 7 | B 6 |
| C 7,3 | D 6,1 |

**200 €** — 0,3 • 8

| | |
|---|---|
| A 2,2 | B 2,3 |
| C 2,4 | D 2,5 |

**300 €** — 1,8 : 9

| | |
|---|---|
| A 0,2 | B 0,3 |
| C 0,4 | D 0,5 |

**500 €** — 3,7 + 1,4

| | |
|---|---|
| A 5,1 | B 5 |
| C 6,1 | D 5,3 |

**1.000 €** — 8,2 - 0,6

| | |
|---|---|
| A 2,2 | B 7,4 |
| C 7,6 | D 8,8 |

**2.000 €** — 0,29 : 1.000

| | |
|---|---|
| A 0,00029 | B 2,9 |
| C 29 | D 290 |

**4.000 €** — ❑ • 6 = 1,2

| | |
|---|---|
| A 0,02 | B 2 |
| C 20 | D 0,2 |

**8.000 €** — 16,8 + 13,7

| | |
|---|---|
| A 29,5 | B 30,5 |
| C 33,2 | D 32,4 |

**16.000 €** — ❑ - 14,8 = 14,8

| | |
|---|---|
| A 29,6 | B 36 |
| C 46,6 | D 35,4 |

**32.000 €** — 169,13 : 13

| | |
|---|---|
| A 12,1 | B 13,01 |
| C 11,01 | D 14,1 |

**64.000 €** — 50 • 1,2

| | |
|---|---|
| A 60 | B 0,06 |
| C 600 | D 65 |

**125.000 €** — Welches Rechenzeichen passt?
186,67 ❑ 34,07 = 152,6

| | |
|---|---|
| A + | B - |
| C • | D : |

**500.000 €** — 25,25 : 5 + x = 6

| | |
|---|---|
| A 1 | B 0,95 |
| C 1,5 | D 3,25 |

**1.000.000 €** — (1,6 - 0,8) • 7 - 0,1

| | |
|---|---|
| A 1 | B 2,4 |
| C 5,5 | D 3,6 |

KOPFRECHEN CHAMPION

Name

Blatt 98

# Dezimalbrüche

**50 €**: $\frac{2}{10}$

| | |
|---|---|
| A: 2 | B: 0,2 |
| C: 0,02 | D: 0,002 |

**100 €**: 0,7

| | |
|---|---|
| A: $\frac{7}{1}$ | B: $\frac{7}{1.000}$ |
| C: $\frac{7}{10}$ | D: $\frac{7}{100}$ |

**200 €**: $3\frac{2}{10}$

| | |
|---|---|
| A: 5,2 | B: 2,3 |
| C: 3,2 | D: 1,3 |

**300 €**: 1,8

| | |
|---|---|
| A: $\frac{18}{1}$ | B: $1\frac{8}{100}$ |
| C: $\frac{8}{10}$ | D: $1\frac{8}{10}$ |

**500 €**: $\frac{1}{2}$

| | |
|---|---|
| A: 0,2 | B: 0,3 |
| C: 0,4 | D: 0,5 |

**1.000 €**: 0,125

| | |
|---|---|
| A: $\frac{1}{6}$ | B: $\frac{1}{7}$ |
| C: $\frac{1}{8}$ | D: $\frac{1}{9}$ |

**2.000 €**: $\frac{4}{5}$

| | |
|---|---|
| A: 0,2 | B: 0,6 |
| C: 0,8 | D: 1,2 |

**4.000 €**: 0,8

| | |
|---|---|
| A: $\frac{1}{2}$ | B: $\frac{2}{3}$ |
| C: $\frac{1}{4}$ | D: $\frac{4}{5}$ |

**8.000 €**: $\frac{1}{20}$

| | |
|---|---|
| A: 0,05 | B: 0,5 |
| C: 5 | D: 5,5 |

**16.000 €**: 1,6

| | |
|---|---|
| A: $1\frac{3}{8}$ | B: $1\frac{3}{5}$ |
| C: $1\frac{3}{4}$ | D: $1\frac{1}{2}$ |

**32.000 €**: $\frac{6}{30}$

| | |
|---|---|
| A: 0,1 | B: 0,2 |
| C: 0,3 | D: 0,4 |

**64.000 €**: 2 : 5 =
Ein Ergebnis ist falsch!

| | |
|---|---|
| A: $\frac{2}{5}$ | B: 0,4 |
| C: $\frac{4}{10}$ | D: 0,3 |

**125.000 €**: $\frac{7}{8}$

| | |
|---|---|
| A: 0,875 | B: 0,125 |
| C: 0,25 | D: 0,625 |

**500.000 €**: $\frac{12}{25}$

| | |
|---|---|
| A: 0,16 | B: 0,26 |
| C: 0,34 | D: 0,48 |

**1.000.000 €**: $\frac{49}{200}$

| | |
|---|---|
| A: 0,282 | B: 0,465 |
| C: 0,245 | D: 0,356 |

KOPFRECHEN CHAMPION

Name



## Dezimalbrüche

**50 €**

$\frac{7}{10}$

| | |
|---|---|
| A 0,7 | B 7 |
| C 0,07 | D 0,007 |

**100 €**

0,3

| | |
|---|---|
| A $\frac{3}{10}$ | B $\frac{3}{1.000}$ |
| C $\frac{3}{1}$ | D $\frac{3}{100}$ |

**200 €**

$5\frac{6}{10}$

| | |
|---|---|
| A 6,5 | B 2,8 |
| C 11,6 | D 5,6 |

**300 €**

2,9

| | |
|---|---|
| A $2\frac{9}{10}$ | B $2\frac{9}{100}$ |
| C $\frac{9}{10}$ | D $2\frac{9}{1}$ |

**500 €**

$\frac{1}{4}$

| | |
|---|---|
| A 0,25 | B 0,3 |
| C 0,45 | D 0,5 |

**1.000 €**

0,5

| | |
|---|---|
| A $\frac{1}{2}$ | B $\frac{1}{3}$ |
| C $\frac{1}{4}$ | D $\frac{1}{5}$ |

**2.000 €**

$\frac{3}{4}$

| | |
|---|---|
| A 0,25 | B 0,75 |
| C 0,5 | D 0,15 |

**4.000 €**

0,2

| | |
|---|---|
| A $\frac{1}{2}$ | B $\frac{2}{3}$ |
| C $\frac{1}{5}$ | D $\frac{4}{5}$ |

**8.000 €**

$\frac{1}{25}$

| | |
|---|---|
| A 0,4 | B 0,5 |
| C 0,04 | D 0,05 |

**16.000 €**

2,8

| | |
|---|---|
| A $2\frac{3}{8}$ | B $2\frac{3}{5}$ |
| C $2\frac{4}{5}$ | D $2\frac{1}{2}$ |

**32.000 €**

$\frac{6}{12}$

| | |
|---|---|
| A 0,4 | B 0,2 |
| C 0,3 | D 0,5 |

**64.000 €**

3 : 5 =
Ein Ergebnis ist falsch!

| | |
|---|---|
| A $\frac{3}{5}$ | B 0,6 |
| C $\frac{6}{10}$ | D 0,3 |

**125.000 €**

$\frac{5}{8}$

| | |
|---|---|
| A 0,875 | B 0,125 |
| C 0,25 | D 0,625 |

**500.000 €**

$\frac{27}{300}$

| | |
|---|---|
| A 0,06 | B 0,18 |
| C 0,3 | D 0,09 |

**1.000.000 €**

$\frac{3}{200}$

| | |
|---|---|
| A 0,015 | B 0,21 |
| C 0,045 | D 0,282 |

KOPFRECHEN CHAMPION

Name

Blatt 100

## Dezimalbrüche

**50 €**

$\frac{5}{10}$

| | |
|---|---|
| A 0,05 | B 5 |
| C 0,005 | D 0,5 |

**100 €**

0,9

| | |
|---|---|
| A $\frac{9}{1}$ | B $\frac{9}{1.000}$ |
| C $\frac{9}{10}$ | D $\frac{9}{100}$ |

**200 €**

$3\frac{3}{100}$

| | |
|---|---|
| A 3,03 | B 3,3 |
| C 3,003 | D 33 |

**300 €**

3,05

| | |
|---|---|
| A $3\frac{5}{1.000}$ | B $3\frac{5}{100}$ |
| C $3\frac{5}{10}$ | D $3\frac{5}{1}$ |

**500 €**

$\frac{2}{4}$

| | |
|---|---|
| A 0,25 | B 0,15 |
| C 0,4 | D 0,5 |

**1.000 €**

0,4

| | |
|---|---|
| A $\frac{2}{6}$ | B $\frac{2}{3}$ |
| C $\frac{2}{4}$ | D $\frac{2}{5}$ |

**2.000 €**

$\frac{6}{8}$

| | |
|---|---|
| A 0,375 | B 0,75 |
| C 0,5 | D 0,125 |

**4.000 €**

0,08

| | |
|---|---|
| A $\frac{1}{25}$ | B $\frac{2}{25}$ |
| C $\frac{3}{25}$ | D $\frac{4}{25}$ |

**8.000 €**

$\frac{1}{50}$

| | |
|---|---|
| A 0,02 | B 0,5 |
| C 0,2 | D 0,05 |

**16.000 €**

2,06

| | |
|---|---|
| A $2\frac{6}{40}$ | B $2\frac{3}{50}$ |
| C $2\frac{4}{50}$ | D $2\frac{3}{20}$ |

**32.000 €**

$\frac{8}{32}$

| | |
|---|---|
| A 0,4 | B 0,25 |
| C 0,125 | D 0,5 |

**64.000 €**

4 : 5 =
Ein Ergebnis ist falsch!

| | |
|---|---|
| A $\frac{12}{15}$ | B 0,6 |
| C 0,8 | D $\frac{4}{5}$ |

**125.000 €**

$\frac{1}{3}$

| | |
|---|---|
| A 0,1 | B 0,2 |
| C 0,25 | D 0,33333333 |

**500.000 €**

$\frac{11}{20}$

| | |
|---|---|
| A 0,33 | B 0,44 |
| C 0,55 | D 0,66 |

**1.000.000 €**

$\frac{217}{700}$

| | |
|---|---|
| A 0,8 | B 0,21 |
| C 0,04 | D 0,31 |

KOPFRECHEN CHAMPION

Name



## Dezimalbrüche

**50 €**

$\frac{1}{100}$

| | |
|---|---|
| A: 1 | B: 0,1 |
| C: 0,01 | D: 0,001 |

**100 €**

4,3 + 0,2

| | |
|---|---|
| A: 4,5 | B: 6,3 |
| C: 6,5 | D: 5 |

**200 €**

3,1 • 10

| | |
|---|---|
| A: 0,031 | B: 0,31 |
| C: 31 | D: 310 |

**300 €**

2,381
Runde auf Zehntel

| | |
|---|---|
| A: 2,3 | B: 2,4 |
| C: 2,38 | D: 2,39 |

**500 €**

Zerlege die Kommazahl 5,9

| | |
|---|---|
| A: $5 + \frac{9}{100}$ | B: $\frac{5}{10} + \frac{9}{100}$ |
| C: 5 + 9 | D: $5 + \frac{9}{10}$ |

**1.000 €**

$\frac{1}{4}$

| | |
|---|---|
| A: 0,15 | B: 0,2 |
| C: 0,25 | D: 0,5 |

**2.000 €**

0,3 • 9

| | |
|---|---|
| A: 2,4 | B: 3,2 |
| C: 2,7 | D: 3,6 |

**4.000 €**

0,49 : 7

| | |
|---|---|
| A: 0,08 | B: 0,07 |
| C: 0,8 | D: 0,7 |

**8.000 €**

13,4 + 8,9

| | |
|---|---|
| A: 20,3 | B: 22,3 |
| C: 21,4 | D: 23,5 |

**16.000 €**

❑ - 5,8 = 13,3

| | |
|---|---|
| A: 19,1 | B: 20,5 |
| C: 21,1 | D: 23 |

**32.000 €**

$\frac{3}{24}$

| | |
|---|---|
| A: 0,4 | B: 0,25 |
| C: 0,125 | D: 0,5 |

**64.000 €**

51,39 : 3

| | |
|---|---|
| A: 16,09 | B: 17,13 |
| C: 15,14 | D: 18,8 |

**125.000 €**

$\frac{2}{3}$

| | |
|---|---|
| A: 0,3 | B: 0,666666666 |
| C: 0,6 | D: 0,33333333 |

**500.000 €**

Welches Rechenzeichen passt?
80,6 ❑ 0,8 = 64,48

| | |
|---|---|
| A: + | B: - |
| C: • | D: : |

**1.000.000 €**

(3,5 - 2,8 + 5,3) • (0,2 • 3)

| | |
|---|---|
| A: 4,9 | B: 10,7 |
| C: 3,6 | D: 5,8 |

**KOPFRECHEN CHAMPION**

Name



## Dezimalbrüche

**50 €**

$\frac{1}{10}$

| | |
|---|---|
| A: 1 | B: 0,1 |
| C: 0,01 | D: 0,001 |

**100 €**

5,7 + 0,2

| | |
|---|---|
| A: 5,5 | B: 5,8 |
| C: 5,9 | D: 6 |

**200 €**

4,8 • 10

| | |
|---|---|
| A: 0,048 | B: 48 |
| C: 0,48 | D: 480 |

**300 €**

3,479
Runde auf Hundertstel

| | |
|---|---|
| A: 3,5 | B: 3,4 |
| C: 3,48 | D: 3,47 |

**500 €**

Zerlege die Kommazahl 1,02

| | |
|---|---|
| A: $1 + \frac{2}{100}$ | B: $\frac{1}{10} + \frac{2}{100}$ |
| C: 5 + 9 | D: $1 + \frac{2}{10}$ |

**1.000 €**

$\frac{1}{2}$

| | |
|---|---|
| A: 0,15 | B: 0,2 |
| C: 0,25 | D: 0,5 |

**2.000 €**

0,4 • 6

| | |
|---|---|
| A: 2,4 | B: 3,2 |
| C: 2,7 | D: 3,6 |

**4.000 €**

0,81 : 9

| | |
|---|---|
| A: 0,08 | B: 0,09 |
| C: 0,8 | D: 0,9 |

**8.000 €**

14,6 + 4,5

| | |
|---|---|
| A: 20,3 | B: 18,9 |
| C: 19,1 | D: 21,1 |

**16.000 €**

❑ - 8,3 = 14,9

| | |
|---|---|
| A: 19,2 | B: 20,7 |
| C: 21,4 | D: 23,2 |

**32.000 €**

$\frac{49}{56}$

| | |
|---|---|
| A: 0,4 | B: 0,875 |
| C: 0,125 | D: 0,2 |

**64.000 €**

196,196 : 14

| | |
|---|---|
| A: 14,014 | B: 14,14 |
| C: 13,013 | D: 13,13 |

**125.000 €**

$\frac{3}{8}$

| | |
|---|---|
| A: 0,125 | B: 0,375 |
| C: 0,5 | D: 0,75 |

**500.000 €**

Welches Rechenzeichen passt?
420 ❑ 300 = 1,4

| | |
|---|---|
| A: + | B: - |
| C: • | D: : |

**1.000.000 €**

(13,7 - 8,8 + 0,3) : 4 + 0,7

| | |
|---|---|
| A: 2 | B: 8,6 |
| C: 3,8 | D: 5,4 |

# Dezimalbrüche

**50 €**

$\frac{2}{10}$

| | |
|---|---|
| A 0,2 | B 2 |
| C 0,02 | D 0,002 |

**100 €**

2,4 + 0,4

| | |
|---|---|
| A 4,8 | B 2,8 |
| C 4,4 | D 3 |

**200 €**

0,3 • 100

| | |
|---|---|
| A 0,03 | B 300 |
| C 3 | D 30 |

**300 €**

1,9374
Runde auf Tausendstel

| | |
|---|---|
| A 1,937 | B 1,938 |
| C 1,94 | D 1,95 |

**500 €**

Zerlege die Kommazahl 2,05

| | |
|---|---|
| A $2 + \frac{5}{100}$ | B $\frac{1}{10} + \frac{5}{100}$ |
| C 2 + 5 | D $2 + \frac{5}{10}$ |

**1.000 €**

$\frac{1}{8}$

| | |
|---|---|
| A 0,125 | B 0,2 |
| C 0,25 | D 0,5 |

**2.000 €**

0,3 • 15

| | |
|---|---|
| A 3 | B 4,3 |
| C 2,5 | D 4,5 |

**4.000 €**

6,4 : 4

| | |
|---|---|
| A 1,4 | B 1,5 |
| C 1,6 | D 1,7 |

**8.000 €**

19,64 + 18,56

| | |
|---|---|
| A 38,2 | B 28,6 |
| C 32,4 | D 34,8 |

**16.000 €**

❑ - 5,6 = 12,8

| | |
|---|---|
| A 17,4 | B 18,4 |
| C 19,4 | D 20,4 |

**32.000 €**

6,2 : 1.000

| | |
|---|---|
| A 0,00062 | B 0,0062 |
| C 0,062 | D 0,62 |

**64.000 €**

96,24 : 8

| | |
|---|---|
| A 13,03 | B 12,3 |
| C 13,3 | D 12,03 |

**125.000 €**

$\frac{1}{3}$

| | |
|---|---|
| A 0,33333333 | B 0,3 |
| C 0,17 | D 0,68 |

**500.000 €**

Welches Rechenzeichen passt?
15,68 ❑ 4,13 = 19,81

| | |
|---|---|
| A + | B - |
| C • | D : |

**1.000.000 €**

15,6 + 0,3 • 0,3 + 0,11

| | |
|---|---|
| A 5 | B 15,8 |
| C 16,3 | D 7,1 |

KOPFRECHEN CHAMPION

Name



# Geometrische Grundformen

**50 €** – Ein Quadrat ist

A ein Kreis | B ein Dreieck | C ein Punkt | D ein Viereck

**100 €** – Ein Kegel ist

A eine Fläche | B ein Körper | C eine Strecke | D ein Punkt

**200 €** – Ein Fußball ist

A ein Rechteck | B ein Zylinder | C eine Kugel | D ein Dreieck

**300 €** – Welcher Gegenstand ist kein Quader?

A Eistüte | B Buch | C Toastbrot | D Schrank

**500 €** – In Ägypten stehen viele bekannte

A Rechtecke | B Pyramiden | C Kegel | D Kreise

**1.000 €** – Wie viele Ecken hat ein Würfel?

A 4 | B 6 | C 8 | D 10

**2.000 €** – Ich bin eine Fläche und habe keine Ecken.

A Trapez | B Kreis | C Raute | D Prisma

**4.000 €** – Ich bin ein Körper. Meine 6 Begrenzungsflächen sind gleich große Quadrate.

A Würfel | B Kegel | C Parallelogramm | D Zylinder

**8.000 €** – Eine Aussage ist falsch: Ein Parallelogramm

A hat 4 Ecken | B ist eine Fläche | C hat parallele Seiten | D ist ein Körper

**16.000 €** – Welcher Körper hat eine kreisrunde Grundfläche?

A Quader | B Pyramide | C Kegel | D dreiseitiges Prisma

**32.000 €** – Welcher Gegenstand passt nicht in die Reihe?

A Würfel | B Ziegelstein | C Zündholzschachtel | D Konservendose

**64.000 €** – Welcher Körper hinterlässt im Sand keinen quadratischen Abdruck?

A Quader | B Pyramide | C Würfel | D Kegel

**125.000 €** – Grund- und Deckflächen sind Kreisflächen, meine Mantelfläche ist ein Rechteck.

A Kegel | B Zylinder | C Quader | D Pyramide

**500.000 €** – Die Diagonalen halbieren sich gegenseitig und die Fläche hat keine Symmetrieachse.

A Quadrat | B Rechteck | C Trapez | D Parallelogramm

**1.000.000 €** – Der Mantel dieser Figur besteht aus einem Kreissektor.

A Kreis | B Zylinder | C Kugel | D Kegel

KOPFRECHEN CHAMPION

Name



## Geometrische Grundformen

**50 €**

Ein Rechteck ist

| | |
|---|---|
| A ein Kreis | B ein Dreieck |
| C ein Punkt | D ein Viereck |

**100 €**

Ein Trapez ist

| | |
|---|---|
| A eine Fläche | B ein Körper |
| C eine Strecke | D ein Punkt |

**200 €**

Eine Schultüte ist

| | |
|---|---|
| A ein Kegel | B ein Zylinder |
| C eine Kugel | D ein Viereck |

**300 €**

Welcher Gegenstand ist ein Quader?

| | |
|---|---|
| A Eistüte | B Kirchturmspitze |
| C Zündholz-schachtel | D CD-Rohling |

**500 €**

Vor allem im bayerischen Wappen findest du viele

| | |
|---|---|
| A Rechtecke | B Zylinder |
| C Rauten | D Kreise |

**1.000 €**

Wie viele Kanten hat ein Quader?

| | |
|---|---|
| A 6 | B 8 |
| C 10 | D 12 |

**2.000 €**

Ich bin eine Fläche und habe drei Ecken.

| | |
|---|---|
| A Quadrat | B Kreis |
| C Raute | D Dreieck |

**4.000 €**

Ich bin ein Körper. Meine 6 Begrenzungsflächen sind Rechtecke.

| | |
|---|---|
| A Pyramide | B Quader |
| C Trapez | D Kegel |

**8.000 €**

Eine Aussage ist falsch: Eine Pyramide

| | |
|---|---|
| A hat mehrere Ecken | B ist eine Fläche |
| C hat eine Spitze | D ist ein Körper |

**16.000 €**

Welcher Körper hat eine rechteckige Grundfläche?

| | |
|---|---|
| A Kugel | B Würfel |
| C Kegel | D dreiseitiges Prisma |

**32.000 €**

Welcher Gegenstand passt nicht in die Reihe?

| | |
|---|---|
| A Spielwürfel | B Ziegelstein |
| C Zündholz-schachtel | D Buch |

**64.000 €**

Welcher Körper hinterlässt im Sand keinen kreisrunden Abdruck?

| | |
|---|---|
| A Konservendose | B Pyramide |
| C Zylinder | D Kegel |

**125.000 €**

Grund- und Deckflächen sind Quadrate, meine Mantelfläche ist ein Rechteck.

| | |
|---|---|
| A Kegel | B Zylinder |
| C Quader | D Pyramide |

**500.000 €**

Ich kann rechtwinklig, gleichseitig oder gleichschenklig sein.

| | |
|---|---|
| A Dreieck | B Rechteck |
| C Trapez | D Parallelogramm |

**1.000.000 €**

Der Mantel dieser Figur besteht aus drei Rechtecken.

| | |
|---|---|
| A dreiseitiges Prisma | B Zylinder |
| C Kugel | D Kegel |

KOPFRECHEN CHAMPION

Name



# Geometrische Grundformen

### 50 €

Ein Trapez ist

- A ein Kreis
- B ein Dreieck
- C ein Punkt
- D ein Viereck

### 100 €

Ein Prisma ist

- A eine Fläche
- B ein Körper
- C eine Strecke
- D ein Punkt

### 200 €

Ein Buch ist

- A ein Kegel
- B ein Quader
- C eine Kugel
- D ein Viereck

### 300 €

Welcher Gegenstand ist kein Rechteck?

- A Fußballfeld
- B Teller
- C Blatt Papier
- D Tischplatte

### 500 €

Vor allem im Herbst findest du viele von ihnen am Himmel

- A Rechtecke
- B Drachen
- C Rauten
- D Kreise

### 1.000 €

Wie viele Kanten hat eine Pyramide?

- A 3
- B 4
- C 8
- D 6

### 2.000 €

Ich bin eine Fläche und alle Seiten sind zueinander parallel.

- A Parallelogramm
- B Kreis
- C Raute
- D Dreieck

### 4.000 €

Ich bin ein Körper. Meine Grundfläche ist ein Quadrat und meine Mantelfläche besteht aus Dreiecken.

- A Pyramide
- B Quader
- C Trapez
- D Kegel

### 8.000 €

Eine Aussage ist falsch: Eine Quadrat

- A ist ein Rechteck
- B ist eine Fläche
- C ist eine Raute
- D hat als Innenwinkelsumme 380 Grad

### 16.000 €

Welcher Körper hat keine quadratische Grundfläche?

- A Quader
- B Würfel
- C Kegel
- D Pyramide

### 32.000 €

Wer passt nicht in die Reihe?

- A Kreis
- B Kugel
- C Dreieck
- D Zylinder

### 64.000 €

Welcher Körper hinterlässt im Sand einen rechteckigen Abdruck?

- A Poesiealbum
- B Tennisball
- C Hand
- D Wasserflasche

### 125.000 €

Meine Mantelfläche ist ein Rechteck, meine Grundfläche nicht.

- A Kegel
- B Zylinder
- C Quader
- D Pyramide

### 500.000 €

Ich kann gleichseitig oder rechtwinklig sein.

- A Quadrat
- B Rechteck
- C Trapez
- D Parallelogramm

### 1.000.000 €

Grund- und Deckfläche sind deckungsgleiche Vielecke.

- A Prisma
- B Zylinder
- C Kugel
- D Kegel

**KOPFRECHEN CHAMPION**

Name



# Geometrische Grundformen

**50 €**

Ein Parallelogramm ist

| | |
|---|---|
| A ein Viereck | B ein Dreieck |
| C ein Punkt | D ein Kreis |

**100 €**

Ein Kreis ist

| | |
|---|---|
| A eine Fläche | B ein Körper |
| C eine Strecke | D ein Punkt |

**200 €**

Ein Tennisball ist

| | |
|---|---|
| A ein Kegel | B ein Quader |
| C eine Kugel | D ein Viereck |

**300 €**

Welcher Gegenstand ist keine Kugel?

| | |
|---|---|
| A Basketball | B Volleyball |
| C Federball | D Planet Mars |

**500 €**

Kirchturmspitzen haben manchmal die Form eines

| | |
|---|---|
| A Rechtecks | B Quaders |
| C Kreises | D Kegels |

**1.000 €**

Wie viele Kanten hat ein dreiseitiges Prisma?

| | |
|---|---|
| A 3 | B 4 |
| C 5 | D 9 |

**2.000 €**

Mein Radius ist halb so lang wie mein Durchmesser.

| | |
|---|---|
| A Parallelogramm | B Kreis |
| C Raute | D Dreieck |

**4.000 €**

Ich bin ein Körper. Meine Grund- und Deckflächen bestehen aus einem Kreis, der Mantel aus einem Rechteck.

| | |
|---|---|
| A Pyramide | B Quader |
| C Zylinder | D Kegel |

**8.000 €**

Eine Aussage ist falsch: Ein Rechteck

| | |
|---|---|
| A ist ein Viereck | B ist eine Fläche |
| C ist ein Quadrat | D hat 4 rechte Winkel |

**16.000 €**

Welcher Körper hat keine rechteckige Mantelfläche?

| | |
|---|---|
| A Quader | B Würfel |
| C Zylinder | D Kegel |

**32.000 €**

Wer passt nicht in die Reihe?

| | |
|---|---|
| A Prisma | B Quader |
| C Würfel | D Pyramide |

**64.000 €**

Welcher Körper hinterlässt im Sand einen runden Abdruck?

| | |
|---|---|
| A Buch | B Dose |
| C Fuß | D Geodreieck |

**125.000 €**

Ich bin eine Fläche. Ich habe nur eine Symmetrieachse.

| | |
|---|---|
| A Drachen | B Quadrat |
| C Raute | D Kreis |

**500.000 €**

Alle Punkte der Oberfläche sind gleich weit vom Mittelpunkt entfernt.

| | |
|---|---|
| A Quader | B Kugel |
| C Prisma | D Zylinder |

**1.000.000 €**

Der Körper hat keine Ecken, aber 2 Kanten.

| | |
|---|---|
| A Prisma | B Zylinder |
| C Kugel | D Kegel |

KOPFRECHEN CHAMPION

Name



# Geometrische Grundformen

**50 €** – Eine Raute ist
- A: ein Kreis
- B: ein Dreieck
- C: ein Punkt
- D: ein Viereck

**100 €** – Ein Quader ist
- A: eine Fläche
- B: ein Körper
- C: eine Strecke
- D: ein Punkt

**200 €** – Eine Konservendose ist
- A: ein Zylinder
- B: ein Quader
- C: eine Kugel
- D: ein Viereck

**300 €** – Welcher Gegenstand ist ein Quader?
- A: Apfel
- B: CD
- C: Eiskugel
- D: Schuhschachtel

**500 €** – Fensterscheiben haben oft die Form eines
- A: Rechtecks
- B: Quaders
- C: Kreises
- D: Kegels

**1.000 €** – Wie viele Kanten hat ein Kegel?
- A: 1
- B: 4
- C: 6
- D: 12

**2.000 €** – Meine Seiten sind alle gleich lang.
- A: Parallelogramm
- B: Kreis
- C: Raute
- D: gleichschenkliges Dreieck

**4.000 €** – Ich bin ein Körper und habe eine Spitze.
- A: Würfel
- B: Quader
- C: Zylinder
- D: Kegel

**8.000 €** – Eine Aussage ist falsch: Ein Dreieck kann
- A: rechtwinklig sein
- B: gleichseitig sein
- C: gleichschenklig sein
- D: vollwinklig sein

**16.000 €** – Meine Oberfläche besteht aus 5 Flächen: 2 Dreiecken und 3 Rechtecken.
- A: Dreiecksprisma
- B: Würfel
- C: Zylinder
- D: Quader

**32.000 €** – Wer passt nicht in die Reihe?
- A: Trapez
- B: Kreis
- C: Dreieck
- D: Quadrat

**64.000 €** – Welcher Körper hinterlässt im Sand keinen rechteckigen Abdruck?
- A: Ordner
- B: Bleistift
- C: Malblock
- D: Locher

**125.000 €** – Ich bin eine Fläche. Ich habe 4 Symmetrieachsen.
- A: Drachen
- B: Quadrat
- C: Raute
- D: Rechteck

**500.000 €** – Gegenüberliegende Flächen sind gleich groß und zueinander parallel.
- A: Quader
- B: Dreiecksprisma
- C: Pyramide
- D: Zylinder

**1.000.000 €** – Mit diesem Körper kann man einen Regenbogen erzeugen.
- A: Dreiecksprisma
- B: Zylinder
- C: Kugel
- D: Kegel

# Geometrische Grundformen

**50 €**

Eine Prisma ist

A ein Körper
B eine Fläche
C ein Punkt
D eine Strecke

**100 €**

Ein Quadrat ist

A eine Fläche
B ein Körper
C eine Strecke
D ein Punkt

**200 €**

Eine Perle ist

A ein Zylinder
B ein Quader
C eine Kugel
D ein Viereck

**300 €**

Welcher Gegenstand ist ein Quader?

A Büroklammer
B Tafel
C Schultüte
D Kieselstein

**500 €**

An einem Weihnachtsbaum findest du viele

A Kirschen
B Kegel
C Kreise
D Kugeln

**1.000 €**

Wie viele Ecken hat ein Quader?

A 4
B 6
C 8
D 12

**2.000 €**

Immer 2 nebeneinanderliegende Seiten sind gleich lang.

A Parallelogramm
B Kreis
C Trapez
D Drachen

**4.000 €**

Ich bin ein Körper und habe keine Spitze.

A Würfel
B Pyramide
C Kreis
D Kegel

**8.000 €**

Eine Aussage ist falsch: Ein Würfel

A ist ein Quader
B ist ein Prisma
C ist ein Körper
D ist ein Kegel

**16.000 €**

Meine Oberfläche besteht aus 6 Rechtecken.

A Dreiecksprisma
B Pyramide
C Zylinder
D Quader

**32.000 €**

Zwei gegenüberliegende Flächen sind parallel zueinander und gleich groß.

A Würfel
B Zylinder
C Kegel
D Quadrat

**64.000 €**

Welcher Körper hinterlässt im Sand einen kreisrunden Abdruck?

A Klassenzimmer
B Schrank
C Matheheft
D Blumentopf

**125.000 €**

Ich bin eine Fläche. Ich habe unendlich viele Symmetrieachsen.

A Kreis
B Quadrat
C Rautc
D Rechteck

**500.000 €**

Alle Kanten sind gleich lang.

A Quader
B Dreiecksprisma
C Pyramide
D Würfel

**1.000.000 €**

Die Mantelfläche ist ein zusammengerolltes Rechteck.

A Dreiecksprisma
B Zylinder
C Kugel
D Kegel

KOPFRECHEN CHAMPION

Name

Blatt 110

## Geometrische Grundformen

**50 €** – Eine Kegel ist
- A: ein Punkt
- B: eine Fläche
- C: ein Körper
- D: eine Strecke

**100 €** – Eine Raute ist
- A: ein Punkt
- B: ein Körper
- C: eine Strecke
- D: eine Fläche

**200 €** – Ein Fußballfeld ist
- A: ein Rechteck
- B: ein Parallelogramm
- C: ein Trapez
- D: ein Dreieck

**300 €** – Welcher Gegenstand ist kein Zylinder?
- A: Baumstamm
- B: 2-Euro-Münze
- C: Tafel Schokolade
- D: Kochtopf

**500 €** – Du findest diese Fläche bei Verkehrszeichen, Segelbooten und auch in deiner Schultasche.
- A: Dreieck
- B: Raute
- C: Trapez
- D: Quader

**1.000 €** – Wie viele Kanten hat ein Würfel?
- A: 4
- B: 6
- C: 8
- D: 12

**2.000 €** – Immer 2 gegenüberliegende Seiten sind gleich lang und parallel zueinander. Ich habe keine Symmetrieachse
- A: Parallelogramm
- B: Quadrat
- C: Raute
- D: Rechteck

**4.000 €** – Ich bin eine Fläche und habe keine Ecken.
- A: Zylinder
- B: Trapez
- C: Kreis
- D: Quadrat

**8.000 €** – Eine Aussage ist falsch: Ein Kegel
- A: hat eine Spitze
- B: ist ein Prisma
- C: ist ein Körper
- D: hat eine gewölbte Mantelfläche

**16.000 €** – Ich habe 12 Kanten und 8 Ecken. Meine Kanten sind alle gleich lang.
- A: Dreiecksprisma
- B: Würfel
- C: Zylinder
- D: Pyramide

**32.000 €** – Zwei gegenüberliegende Flächen sind parallel zueinander und gleich groß.
- A: Quader
- B: Zylinder
- C: Kegel
- D: Quadrat

**64.000 €** – Welcher Körper hinterlässt im Sand einen rechteckigen Abdruck?
- A: Schultüte
- B: Pizza
- C: Koffer
- D: Autoreifen

**125.000 €** – Ich habe eine gewölbte Mantelfläche.
- A: Quader
- B: Zylinder
- C: Dreiecksprisma
- D: Pyramide

**500.000 €** – Grund- und Deckfläche sind 2 deckungsgleiche Dreiecke.
- A: Quader
- B: Dreiecksprisma
- C: Pyramide
- D: Würfel

**1.000.000 €** – 2 gegenüberliegende Winkel sind nicht gleich groß.
- A: Rechteck
- B: Parallelogramm
- C: Trapez
- D: Quadrat

# Geometrische Grundformen

**50 €**

Eine Quadrat ist

- A ein Punkt
- B ein Körper
- C eine Fläche
- D eine Strecke

**100 €**

Ein Trapez ist

- A ein Punkt
- B ein Körper
- C eine Fläche
- D eine Strecke

**200 €**

Ein Stoppschild ist

- A ein Rechteck
- B ein Achteck
- C ein Trapez
- D ein Dreieck

**300 €**

Welcher Gegenstand ist kein Quader?

- A Kleiderschrank
- B Waschmaschine
- C Zündholz-schachtel
- D Dose

**500 €**

Wir leben auf einer ganz großen und haben sie auch in unserem Körper an Gelenken.

- A Pyramide
- B Raute
- C Kugel
- D Quader

**1.000 €**

Wie viele Ecken hat ein Zylinder?

- A 0
- B 1
- C 2
- D 5

**2.000 €**

Ich habe 4 rechte Winkel.

- A Sechseck
- B Dreieck
- C Kreis
- D Rechteck

**4.000 €**

Ich bin eine Fläche und habe mehr als 4 Ecken.

- A Dreieck
- B Fünfeck
- C Trapez
- D Quadrat

**8.000 €**

Eine Aussage ist falsch: Ein Pyramide

- A hat eine Spitze
- B hat eine viereckige Grundfläche
- C ist ein Körper
- D ist ein Prisma

**16.000 €**

Ich habe eine Kante und eine Spitze.

- A Kegel
- B Würfel
- C Zylinder
- D Pyramide

**32.000 €**

Die Summe meiner Innenwinkel ist kleiner als 360 Grad.

- A Rechteck
- B Dreieck
- C Parallelogramm
- D Quadrat

**64.000 €**

Welcher Körper hinterlässt im Sand einen runden Abdruck?

- A Schultüte
- B CD-Hülle
- C Reisepass
- D Spielkarten

**125.000 €**

Ich habe eine runde Grundfläche, aber keine runde Deckfläche.

- A Kegel
- B Zylinder
- C Pyramide
- D Quader

**500.000 €**

Die Diagonalen schneiden sich nicht im rechten Winkel.

- A Quadrat
- B Rechteck
- C Raute
- D Drachen

**1.000.000 €**

Schneidest du mich der Länge nach durch, entsteht eine dreieckige Schnittfläche.

- A Kegel
- B Quader
- C Zylinder
- D Würfel

KOPFRECHEN CHAMPION

Name ______________________ Blatt 112

# Umfang und Flächeninhalt

**50 €** – Welche Längen misst du mit dem Lineal?
- A Körpergröße
- B Radiergummi
- C Zimmerbreite
- D Zaunlänge

**100 €** – 1 km
- A 1.000 m
- B 100 m
- C 10 m
- D 1 m

**200 €** – Ein altes Längenmaß
- A Oberschenkel
- B Fuß
- C Zehenlänge
- D Kniescheibe

**300 €** – Schätze die Höhe einer DIN A 4 Seite.
- A ca. 10 cm
- B ca. 30 cm
- C ca. 50 cm
- D ca. 70 cm

**500 €** – Das Wort Umfang wird in Rechnungen mit … abgekürzt.
- A U
- B u
- C Uf
- D uf

**1.000 €** – Umfang des Quadrats
- A Seite + Seite
- B Seite - Seite
- C 4 • Seite
- D 4 • Seite - Seite

**2.000 €** – $u_R$ =
- A 2 • a + 2 • b
- B 2 • a + b
- C 2 • a - 2 • b
- D 4 - a - b

**4.000 €** – Berechne den Umfang des Quadrats a = 5 dm
- A 10 dm
- B 15 dm
- C 20 dm
- D 25 dm

**8.000 €** – Berechne den Umfang des Rechtecks a = 2 cm und b = 1 cm
- A 2 cm
- B 6 cm
- C 3 cm
- D 7 cm

**16.000 €** – Berechne den Umfang des Quadrats a = 13 mm
- A 48 mm
- B 52 mm
- C 64 mm
- D 68 mm

**32.000 €** – Berechne den Umfang des Rechtecks a = 2 dm und b = 2 cm
- A 44 cm
- B 22 dm
- C 8 dm
- D 42 dm

**64.000 €** – Der Umfang eines Quadrats beträgt 16 mm
- A a = 4 mm
- B a = 8 mm
- C a = 2 mm
- D a = 6 mm

**125.000 €** – $u_R$ = 12 dm, a = 5 dm
- A b = 1 dm
- B b = 2 dm
- C b = 3 dm
- D b = 4 dm

**500.000 €** – $u_R$ = 4,8 dm, a = 6 cm
- A b = 9 cm
- B b = 18 cm
- C b = 15 cm
- D b = 12 cm

**1.000.000 €** – Ein Tennisplatz ist 10,97 m breit und 23,77 m lang. Berechne den Umfang
- A 64,4 m
- B 62,68 m
- C 68,23 m
- D 69,48 m

**KOPFRECHEN CHAMPION**

Name



# Umfang und Flächeninhalt

**50 €** Welche Längen misst du mit dem Maßband?

| | |
|---|---|
| A Bakterienzelle | B Blatt Papier |
| C Haarbreite | D Sprungweite |

**100 €** 1 dm

| | |
|---|---|
| A 10 cm | B 100 cm |
| C 1.000 cm | D 10.000 cm |

**200 €** Kein altes Längenmaß

| | |
|---|---|
| A Elle | B Fuß |
| C Augenabstand | D Schritt |

**300 €** Schätze die Höhe einer 2-Euro-Münze.

| | |
|---|---|
| A ca. 2 mm | B ca. 10 mm |
| C ca. 2 cm | D ca. 10 cm |

**500 €** Die Einheit Meter wird in Rechnungen mit … abgekürzt.

| | |
|---|---|
| A M | B m |
| C Mt | D mt |

**1.000 €** Umfang des Quadrats

| | |
|---|---|
| A a + a + a | B a + a |
| C 4 • a + a | D 4 • a |

**2.000 €** $u_R =$

| | |
|---|---|
| A 2 (a + b) | B 2 • a + b |
| C 2 (a - b) | D 2 - a - b |

**4.000 €** Berechne den Umfang des Quadrats a = 2 cm

| | |
|---|---|
| A 4 cm | B 8 cm |
| C 12 cm | D 16 cm |

**8.000 €** Berechne den Umfang des Rechtecks a = 3 cm und b = 4 cm

| | |
|---|---|
| A 7 cm | B 10 cm |
| C 14 cm | D 4 cm |

**16.000 €** Berechne den Umfang des Quadrats a = 16 mm

| | |
|---|---|
| A 64 mm | B 72 mm |
| C 68 mm | D 56 mm |

**32.000 €** Berechne den Umfang des Rechtecks a = 1 m und b = 10 dm

| | |
|---|---|
| A 4 m | B 22 dm |
| C 12 m | D 42 dm |

**64.000 €** Der Umfang eines Quadrats beträgt 28 m

| | |
|---|---|
| A a = 14 m | B a = 3 m |
| C a = 17 m | D a = 7 m |

**125.000 €** $u_R = 46$ cm, a = 8 cm

| | |
|---|---|
| A b = 15 cm | B b = 18 cm |
| C b = 14 cm | D b = 12 cm |

**500.000 €** $u_R = 2,8$ m, a = 72 cm

| | |
|---|---|
| A b = 92 cm | B b = 88 cm |
| C b = 72 cm | D b = 68 cm |

**1.000.000 €** Ein Schreibtisch ist 1,12 m lang und 74 cm breit. Berechne den Umfang

| | |
|---|---|
| A 4,82 m | B 9,72 m |
| C 3,72 m | D 6,2 m |

**KOPFRECHEN CHAMPION**

Name

Blatt 114

## Umfang und Flächeninhalt

**50 €**

Welche Längen misst du mit dem Kilometerzähler deines Fahrrades?

A Haarbreite
B Körperumfang
C Schulweg
D Tafelhöhe

**100 €**

1 cm

A 10.000 mm
B 1.000 mm
C 100 mm
D 10 mm

**200 €**

Der Urmeter liegt in

A New York
B Paris
C Essen
D Hamburg

**300 €**

Schätze die Breite einer Tür.

A ca. 1 m
B ca. 3 m
C ca. 5 m
D ca. 7 m

**500 €**

Die Umrechnungszahl bei Längeneinheiten ist…

A 1.000
B 100
C 10
D 1

**1.000 €**

Umfang des Quadrats

A a + a + a + a
B a + a
C 4 • a - 2 • a
D 4 - a

**2.000 €**

$u_R$ =

A a + a + b + b
B b + a + b
C a - a - b - b
D 4 - 2 • a • b

**4.000 €**

Berechne den Umfang des Quadrats a = 6 dm

A 24 dm
B 28 dm
C 22 dm
D 26 dm

**8.000 €**

Berechne den Umfang des Rechtecks a = 7 cm und b = 8 cm

A 7 cm
B 10 cm
C 14 cm
D 30 cm

**16.000 €**

Berechne den Umfang des Quadrats a = 18 mm

A 64 mm
B 72 mm
C 68 mm
D 56 mm

**32.000 €**

Berechne den Umfang des Rechtecks a = 102 mm und b = 3 mm

A 42 mm
B 105 mm
C 210 mm
D 220 mm

**64.000 €**

Der Umfang eines Quadrats beträgt 60 km

A a = 12 m
B a = 60 m
C a = 15 km
D a = 30 km

**125.000 €**

$u_R$ = 58 dm
a = 12 dm

A b = 150 dm
B b = 168 dm
C b = 17 dm
D b = 13 m

**500.000 €**

$u_R$ = 3,5 m
a = 15 dm

A b = 25 cm
B b = 8 dm
C b = 2,1 m
D b = 240 mm

**1.000.000 €**

Ein Zimmer ist 4 m und 80 cm lang und 3 m und 20 cm breit. Berechne den Umfang

A 0,176 km
B 0,016 km
C 0,018 km
D 1,4 km

**KOPFRECHEN CHAMPION**

Name



# Umfang und Flächeninhalt

### 50 €

Welche Längen misst du mit deinem Geodreieck?

| | |
|---|---|
| A Tafelhöhe | B Daumenbreite |
| C Zimmerlänge | D Hauslänge |

### 100 €

1 dm

| | |
|---|---|
| A 10.000 mm | B 1.000 mm |
| C 100 mm | D 10 mm |

### 200 €

Ein altes Längenmaß

| | |
|---|---|
| A Kleister | B Klecks |
| C Klafter | D Kluft |

### 300 €

Schätze die Höhe einer Tür.

| | |
|---|---|
| A ca. 1 m | B ca. 2 m |
| C ca. 3 m | D ca. 4 m |

### 500 €

Verwandle 5 m in die nächstkleinere Einheit.

| | |
|---|---|
| A 50 dm | B 50 cm |
| C 50 km | D 50 mm |

### 1.000 €

$u_Q =$

| | |
|---|---|
| A $4 \cdot a$ | B $a \cdot a$ |
| C $a \cdot b$ | D $2 \cdot (a + b)$ |

### 2.000 €

Verwandle 40 mm in die nächstsgrößere Einheit.

| | |
|---|---|
| A 400 dm | B 400 cm |
| C 4 dm | D 4 cm |

### 4.000 €

Berechne den Umfang des Quadrats a = 8 km

| | |
|---|---|
| A 28 km | B 30 km |
| C 32 km | D 34 km |

### 8.000 €

Berechne den Umfang des Rechtecks a = 9 m und b = 8 m

| | |
|---|---|
| A 18 m | B 16 m |
| C 17 m | D 34 m |

### 16.000 €

Berechne den Umfang des Quadrats a = 19 cm

| | |
|---|---|
| A 38 cm | B 76 cm |
| C 68 cm | D 82 cm |

### 32.000 €

Berechne den Umfang des Rechtecks a = 3 km und b = 30 m

| | |
|---|---|
| A 6 km | B 606 m |
| C 33 m | D 6.060 m |

### 64.000 €

Der Umfang eines Quadrats beträgt 84 m

| | |
|---|---|
| A a = 21 m | B a = 18 m |
| C a = 22 m | D a = 19 m |

### 125.000 €

$u_R = 98$ dm
a = 31 dm

| | |
|---|---|
| A b = 23 dm | B b = 16 dm |
| C b = 25 dm | D b = 18 dm |

### 500.000 €

$u_R = 5{,}6$ dm
a = 11 cm

| | |
|---|---|
| A b = 19 cm | B b = 18 cm |
| C b – 17 cm | D b = 16 cm |

### 1.000.000 €

Ein Zimmer ist 5,80 m lang und 4,52 m breit. Berechne den Umfang

| | |
|---|---|
| A 1.760 cm | B 1.860 cm |
| C 2.064 cm | D 2.104 cm |

**KOPFRECHEN CHAMPION**

Name

Blatt 116

# Umfang und Flächeninhalt

### 50 €

Ein Flächeninhalt von ca. 1 $cm^2$ hat

- A: ein Blatt Papier
- B: eine Fensterscheibe
- C: der Fingernagel deines Daumens
- D: ein Fußballfeld

### 100 €

1 $mm^2$ ist der Flächeninhalt eines Quadrates mit der Seitenlänge

- A: 1.000 mm
- B: 100 mm
- C: 10 mm
- D: 1 mm

### 200 €

Ein altes Flächenmaß

- A: Morgen
- B: Mittag
- C: Abend
- D: Nacht

### 300 €

Schätze die Fläche einer Tür.

- A: ca. 0,5 $m^2$
- B: ca. 2 $m^2$
- C: ca. 10 $m^2$
- D: ca. 40 $m^2$

### 500 €

1 $dm^2$ =

- A: 10 $cm^2$
- B: 100 $cm^2$
- C: 1.000 $cm^2$
- D: 10.000 $cm^2$

### 1.000 €

Verwandle 300 $mm^2$ in die nächstgrößere Einheit.

- A: 3 $dm^2$
- B: 30 $dm^2$
- C: 3 $cm^2$
- D: 30 $cm^2$

### 2.000 €

Verwandle 4 $dm^2$ in die nächstkleinere Einheit.

- A: 400 $cm^2$
- B: 400 cm
- C: 40 $m^2$
- D: 4.000 $mm^2$

### 4.000 €

Der Flächeninhalt wird in Rechnungen mit … abgekürzt.

- A: V
- B: F
- C: A
- D: U

### 8.000 €

Flächeninhalt des Quadrats

- A: a + a
- B: a • a
- C: $a^3$
- D: 4 • a

### 16.000 €

Berechne den Flächeninhalt eines Quadrats a = 20 cm

- A: 240 $cm^2$
- B: 80 $cm^2$
- C: 360 $cm^2$
- D: 400 $cm^2$

### 32.000 €

Flächeninhalt des Rechtecks

- A: Länge • Breite
- B: a + b + a + b
- C: 4 • Seite
- D: a : b

### 64.000 €

Berechne den Flächeninhalt des Rechtecks a = 4 cm und b = 3 cm

- A: 7 $cm^2$
- B: 12 $cm^2$
- C: 14 $cm^2$
- D: 1 $cm^2$

### 125.000 €

Berechne den Flächeninhalt eines Quadrats a = 13 m

- A: 146 $m^2$
- B: 159 $m^2$
- C: 169 $m^2$
- D: 176 $m^2$

### 500.000 €

Berechne den Flächeninhalt des Rechtecks a = 17 dm und b = 4 dm

- A: 58 $dm^2$
- B: 68 $dm^2$
- C: 78 $dm^2$
- D: 88 $dm^2$

### 1.000.000 €

$A_R = 210\ cm^2$
a = 15 cm

- A: b = 11 cm
- B: b = 12 cm
- C: b = 13 cm
- D: b = 14 cm

# Umfang und Flächeninhalt

**50 €**

Einen Flächeninhalt von ca. 1 $dm^2$ hat

- A ein Taschenrechner
- B eine Tafel
- C ein Bett
- D ein Radiergummi

**100 €**

1 $cm^2$ ist der Flächeninhalt eines Quadrates mit der Seitenlänge

- A 1.000 cm
- B 100 cm
- C 10 cm
- D 1 cm

**200 €**

Ein altes Flächenmaß

- A Kunstwerk
- B Tagwerk
- C Nachtwerk
- D Morgenwerk

**300 €**

Schätze die Fläche eines DIN A 4 Blattes.

- A ca. 6 $m^2$
- B ca. 60 $cm^2$
- C ca. 600 $cm^2$
- D ca. 6.000 $cm^2$

**500 €**

1 $dm^2$ =

- A 10 $cm^2$
- B 100 $mm^2$
- C 1.000 $m^2$
- D 10.000 $mm^2$

**1.000 €**

Verwandle 350 $mm^2$ in die nächstgrößere Einheit.

- A 3,5 $dm^2$
- B 35 $dm^2$
- C 3,5 $cm^2$
- D 35 $cm^2$

**2.000 €**

Verwandle 7 $cm^2$ in die nächstkleinere Einheit.

- A 700 $dm^2$
- B 700 $mm^2$
- C 40 $m^2$
- D 4.000 $mm^2$

**4.000 €**

Die Abkürzung A für den Flächeninhalt kommt von …

- A air
- B area
- C arena
- D areal

**8.000 €**

Flächeninhalt des Quadrats

- A Seite • Seite
- B 4 • Seite
- C Seite + Seite
- D Seite - Seite

**16.000 €**

Berechne den Flächeninhalt eines Quadrats a = 11 mm

- A 121 $mm^2$
- B 196 $mm^2$
- C 169 $mm^2$
- D 144 $mm^2$

**32.000 €**

Ein Ar hat den Flächeninhalt von

- A 10 $cm^2$
- B 10 $m^2$
- C 100 $m^2$
- D 10 $km^2$

**64.000 €**

Berechne den Flächeninhalt des Rechtecks a = 14 cm und b = 19 cm

- A 23 $cm^2$
- B 266 $cm^2$
- C 108 $cm^2$
- D 46 $cm^2$

**125.000 €**

Berechne den Flächeninhalt eines Quadrats a = 21 m

- A 410 $m^2$
- B 422 $m^2$
- C 441 $m^2$
- D 421 $m^2$

**500.000 €**

Berechne den Flächeninhalt des Rechtecks a = 30 mm und b = 14 mm

- A 420 $cm^2$
- B 410 $mm^2$
- C 4,2 $cm^2$
- D 0,042 $dm^2$

**1.000.000 €**

$A_R = 272\ m^2$
a = 17 m

- A b = 17 m
- B b = 16 m
- C b = 15 m
- D b = 14 m

KOPFRECHEN CHAMPION

Name ______________________ Blatt 118

# Umfang und Flächeninhalt

**50 €**

Einen Flächeninhalt von ca. 1 $m^2$ hat

A ein Federmäppchen | B ein Sportplatz | C ein Schreibtisch | D eine Bleistiftspitze

**100 €**

1 $dm^2$ ist der Flächeninhalt eines Quadrates mit der Seitenlänge

A 1 mm | B 1 cm | C 1 m | D 1 dm

**200 €**

Flächenmäßig das größte Bundesland von Deutschland ist

A Bayern | B Hessen | C Saarland | D Niedersachsen

**300 €**

Schätze die Fläche eines Volleyballfeldes.

A ca. 16 $m^2$ | B ca. 160 $m^2$ | C ca. 1.600 $m^2$ | D ca. 16.000 $m^2$

**500 €**

1 $m^2$ =

A 10 $dm^2$ | B 10.000 $mm^2$ | C 1.000 $cm^2$ | D 10.000 $cm^2$

**1.000 €**

Verwandle 1.300 $mm^2$ in die nächstgrößere Einheit.

A 13 $mm^2$ | B 0,000013 $dm^2$ | C 13 $cm^2$ | D 0,000013 $cm^2$

**2.000 €**

Verwandle 530 $cm^2$ in die nächstkleinere Einheit.

A 53.000 $dm^2$ | B 5,3 $mm^2$ | C 5,3 $dm^2$ | D 53.000 $mm^2$

**4.000 €**

Wandle in $cm^2$ um.
24 $dm^2$ 15 $cm^2$

A 2.415 $cm^2$ | B 2,415 $mm^2$ | C 39 $cm^2$ | D 3,9 $cm^2$

**8.000 €**

Flächeninhalt des Rechtecks

A $a \bullet b$ | B $4 \bullet a$ | C $a + b + a + b$ | D $a \bullet b \bullet c$

**16.000 €**

Berechne den Flächeninhalt eines Quadrats a = 17 dm

A 246 $dm^2$ | B 259 $dm^2$ | C 275 $dm^2$ | D 289 $dm^2$

**32.000 €**

Ein Hektar hat den Flächeninhalt von

A 1 a | B 10 a | C 100 a | D 1.000 a

**64.000 €**

Berechne den Flächeninhalt des Rechtecks
a = 17 cm und b = 8 cm

A 23 $cm^2$ | B 136 $cm^2$ | C 108 $cm^2$ | D 46 $cm^2$

**125.000 €**

Berechne den Flächeninhalt eines Quadrats a = 23 m

A 5,49 $km^2$ | B 547 $m^2$ | C 536 $m^2$ | D 529 $m^2$

**500.000 €**

Berechne den Flächeninhalt des Rechtecks
a = 0,4 cm und b = 14 mm

A 560 $mm^2$ | B 580 $cm^2$ | C 0,58 $cm^2$ | D 5,82 $cm^2$

**1.000.000 €**

$A_R = 342\ dm^2$
a = 19 dm

A b = 16 dm | B b = 17 dm | C b = 18 dm | D b = 19 m

KOPFRECHEN CHAMPION



# Umfang und Flächeninhalt

**50 €**

Einen Flächeninhalt von ca. 1 $mm^2$ hat

- A: ein Schulbuch
- B: eine Haustür
- C: ein Schreibtisch
- D: eine Bleistiftspitze

**100 €**

1 $m^2$ ist der Flächeninhalt eines Quadrates mit der Seitenlänge

- A: 1 mm
- B: 1 cm
- C: 1 dm
- D: 1 m

**200 €**

Flächenmäßig das größte Land ist

- A: Schweiz
- B: Deutschland
- C: Dänemark
- D: Polen

**300 €**

Schätze die Fläche eines Einzelbetts.

- A: ca. 2 $mm^2$
- B: ca. 20 $m^2$
- C: ca. 200 $dm^2$
- D: ca. 20 $cm^2$

**500 €**

1 $m^2$ =

- A: 10 $dm^2$
- B: 100.000 $mm^2$
- C: 100 $cm^2$
- D: 10.000 $cm^2$

**1.000 €**

Wandle in $dm^2$ um.
8 $m^2$ 8 $dm^2$

- A: 8,8 $dm^2$
- B: 88 $dm^2$
- C: 8.008 $dm^2$
- D: 808 $dm^2$

**2.000 €**

Verwandle 785 $m^2$ in die nächstkleinere Einheit.

- A: 7,85 $dm^2$
- B: 78,5 $dm^2$
- C: 78.500 $cm^2$
- D: 0,785 $cm^2$

**4.000 €**

Wandle in $mm^2$ um.
2 $dm^2$ 2 $cm^2$ 2 $mm^2$

- A: 222 $mm^2$
- B: 20.202 $mm^2$
- C: 2.002.002 $mm^2$
- D: 2.022 $mm^2$

**8.000 €**

Die Umrechnungszahl bei Flächen ist

- A: 10
- B: 100
- C: 1.000
- D: 10.000

**16.000 €**

Berechne den Flächeninhalt eines Quadrats a = 18 mm

- A: 308 $mm^2$
- B: 312 $mm^2$
- C: 324 $mm^2$
- D: 342 $mm^2$

**32.000 €**

Ein Hektar hat den Flächeninhalt von

- A: 100 $m^2$
- B: 1.000 $m^2$
- C: 10.000 $m^2$
- D: 100.000 $m^2$

**64.000 €**

Berechne den Flächeninhalt des Rechtecks
a = 16 cm und b = 6 cm

- A: 96 $cm^2$
- B: 44 $cm^2$
- C: 36 $cm^2$
- D: 108 $cm^2$

**125.000 €**

Berechne den Flächeninhalt eines Quadrats a = 26 m

- A: 0,063 $km^2$
- B: 542 $m^2$
- C: 676 $m^2$
- D: 6,54 $km^2$

**500.000 €**

Berechne den Flächeninhalt des Rechtecks
a = 13 cm und b = 13 dm

- A: 196 $cm^2$
- B: 1,68 $dm^2$
- C: 17.800 $cm^2$
- D: 1.690 $cm^2$

**1.000.000 €**

$A_R$ = 156 $mm^2$
a = 12 mm

- A: b = 11 mm
- B: b = 12 mm
- C: b = 13 mm
- D: b = 14 mm

**KOPFRECHEN CHAMPION**

Name

Blatt 120

# Umfang und Flächeninhalt

**50 €**

1 km

| | |
|---|---|
| A 1.000 m | B 1.000 dm |
| C 1.000 cm | D 1.000 mm |

**100 €**

1 $m^2$

| | |
|---|---|
| A 100 $dm^2$ | B 100 $cm^2$ |
| C 100 mm | D 100 $m^3$ |

**200 €**

Ein altes Flächenmaß

| | |
|---|---|
| A Fuß | B Elle |
| C Hektar | D Schritt |

**300 €**

Schätze die Fläche, die deine Haut bedeckt.

| | |
|---|---|
| A ca. 2 $mm^2$ | B ca. 2 $cm^2$ |
| C ca. 2 $m^2$ | D ca. 2 $km^2$ |

**500 €**

3 m 80 cm =

| | |
|---|---|
| A 38 dm | B 3.800 cm |
| C 380 mm | D 3.080 cm |

**1.000 €**

5 $dm^2$ 90 $cm^2$

| | |
|---|---|
| A 0,59 $km^2$ | B 59 $cm^2$ |
| C 509 $dm^2$ | D 59.000 $mm^2$ |

**2.000 €**

$a \cdot b$

| | |
|---|---|
| A $A_Q$ | B $u_Q$ |
| C $A_R$ | D $u_R$ |

**4.000 €**

Berechne den Umfang des Quadrats a = 1 mm

| | |
|---|---|
| A 1 mm | B 2 mm |
| C 3 mm | D 4 mm |

**8.000 €**

Berechne den Flächeninhalt des Quadrats a = 2 cm

| | |
|---|---|
| A 8 cm | B 4 $cm^2$ |
| C 4 cm | D 8 $cm^2$ |

**16.000 €**

Berechne den Umfang des Rechtecks a = 5 dm und b = 3 dm

| | |
|---|---|
| A 15 dm | B 16 dm |
| C 17 dm | D 18 dm |

**32.000 €**

Der Umfang eines Quadrats beträgt 48 cm.

| | |
|---|---|
| A a = 10 cm | B a = 11 cm |
| C a = 12 cm | D a = 13 cm |

**64.000 €**

Berechne den Flächeninhalt des Rechtecks a = 14 dm und b = 5 dm

| | |
|---|---|
| A 7 $m^2$ | B 70 $dm^2$ |
| C 68 $dm^2$ | D 62 $dm^2$ |

**125.000 €**

Berechne den Flächeninhalt des Quadrats a = 19 m

| | |
|---|---|
| A 321 $km^2$ | B 468 $m^2$ |
| C 412 $m^2$ | D 361 $m^2$ |

**500.000 €**

$u_R$ = 25 dm
a = 8 dm

| | |
|---|---|
| A b = 3 dm | B b = 3,5 dm |
| C b = 4 dm | D b = 4,5 dm |

**1.000.000 €**

$A_R$ = 161 $mm^2$
a = 7 mm

| | |
|---|---|
| A b = 19 mm | B b = 21 mm |
| C b = 23 mm | D b = 25 mm |

KOPFRECHEN CHAMPION

Name



## Umfang und Flächeninhalt

**50 €**

1 m

A 1.000 dm | B 100 dm | C 100 cm | D 100 mm

**100 €**

1 $cm^2$

A 100 $dm^2$ | B 10 dm | C 100 $mm^2$ | D 100 $mm^3$

**200 €**

Ein altes Längenmaß

A Ar | B Tagwerk | C Hektar | D Spanne

**300 €**

Die Umrechnungszahl bei Längen ist…

A 10 | B 100 | C 1.000 | D 10.000

**500 €**

5.460 m =

A 54.600 cm | B 5,460 dm | C 546 dm | D 5,460 km

**1.000 €**

130 $cm^2$ =

A 13 $dm^2$ | B 1,3 $dm^2$ | C 1 $dm^2$ 3 $cm^2$ | D 1 $dm^2$ 300 $mm^2$

**2.000 €**

2 (a + b)

A $A_Q$ | B $u_Q$ | C $A_R$ | D $u_R$

**4.000 €**

Berechne den Umfang des Quadrats a = 3 cm

A 6 cm | B 9 cm | C 12 cm | D 15 cm

**8.000 €**

Berechne den Flächeninhalt des Quadrats a = 11 cm

A 101 $cm^2$ | B 44 $cm^2$ | C 22 $cm^2$ | D 121 $cm^2$

**16.000 €**

Berechne den Umfang des Rechtecks a = 12 m und b = 4 m

A 32 m | B 48 m | C 16 m | D 18 m

**32.000 €**

Der Umfang eines Quadrats beträgt 64 mm.

A a = 12 mm | B a = 14 mm | C a = 16 mm | D a = 18 mm

**64.000 €**

Berechne den Flächeninhalt des Rechtecks a = 2,5 dm und b = 3 dm

A 7,5 $dm^2$ | B 11 $dm^2$ | C 8 $dm^2$ | D 13,5 $dm^2$

**125.000 €**

Berechne den Flächeninhalt des Quadrats a = 2,1 m

A 4,41 $m^2$ | B 4,2 $m^2$ | C 8,4 $m^2$ | D 4,04 $m^2$

**500.000 €**

$u_R$ = 23 cm
a = 7,5 cm

A b = 3 cm | B b = 3,5 cm | C b = 4 cm | D b = 4,5 cm

**1.000.000 €**

$A_R$ = 299 $m^2$
a = 130 dm

A b = 19 m | B b = 21 m | C b = 23 m | D b = 25 m

**KOPFRECHEN CHAMPION**

Name



# Umfang und Flächeninhalt

## 50 €

1 dm

A: 0,1 m — B: 1 m — C: 10 m — D: 100 m

## 100 €

1 $dm^2$

A: 100 $cm^2$ — B: 10 $cm^2$ — C: 100 $mm^2$ — D: 10 $mm^2$

## 200 €

Die Umrechnungszahl bei Flächen ist…

A: 10 — B: 100 — C: 1.000 — D: 10.000

## 300 €

Schätze die Höhe eines Stockwerks.

A: ca. 0,5 m — B: ca. 2,5 m — C: ca. 4 m — D: ca. 6,5 m

## 500 €

8 m 555 mm =

A: 85 m 55 cm — B: 85 m 55 mm — C: 8 m 55 cm 55 mm — D: 8 m 5 dm 55 mm

## 1.000 €

500 $cm^2$ =

A: 5 $dm^2$ — B: 0,5 $dm^2$ — C: 50 $dm^2$ — D: 500 $mm^2$

## 2.000 €

$a^2$

A: $A_Q$ — B: $u_Q$ — C: $A_R$ — D: $u_R$

## 4.000 €

Berechne den Umfang des Quadrats a = 6 cm

A: 18 cm — B: 20 cm — C: 22 cm — D: 24 cm

## 8.000 €

Berechne den Flächeninhalt des Quadrats a = 12 dm

A: 48 $dm^2$ — B: 48 dm — C: 144 $dm^2$ — D: 1,44 $mm^2$

## 16.000 €

Berechne den Umfang des Rechtecks a = 56 mm und b = 13 mm

A: 1,48 dm — B: 138 mm — C: 2,56 dm — D: 728 mm

## 32.000 €

Der Umfang eines Quadrats beträgt 72 m.

A: a = 12 m — B: a = 14 m — C: a = 16 m — D: a = 18 m

## 64.000 €

Berechne den Flächeninhalt des Rechtecks a = 3,1 cm und b = 4 cm

A: 6,2 $cm^2$ — B: 10,8 $cm^2$ — C: 12,4 $cm^2$ — D: 14,1 $cm^2$

## 125.000 €

Berechne den Flächeninhalt des Quadrats a = 3,2 m

A: 11,5 $m^2$ — B: 8,62 $m^2$ — C: 10,24 $m^2$ — D: 9,4 $m^2$

## 500.000 €

$u_R$ = 56 cm
a = 8,5 cm

A: b = 19,5 dm — B: b = 20,5 dm — C: b = 21,5 dm — D: b = 23 dm

## 1.000.000 €

$A_R$ = 90 $dm^2$
a = 1,5 dm

A: b = 6 cm — B: b = 60 dm — C: b = 5,6 dm — D: b = 52 dm

KOPFRECHEN CHAMPION

Name

Blatt 123

## Umfang und Flächeninhalt

**50 €**

1 cm

| | |
|---|---|
| A: 0,1 m | B: 10 dm |
| C: 0,1 km | D: 10 mm |

**100 €**

1 $dm^2$

| | |
|---|---|
| A: 1.000 $cm^2$ | B: 10 $cm^2$ |
| C: 100 $mm^2$ | D: 10.000 $mm^2$ |

**200 €**

Schätze die Länge eines Fußballfeldes.

| | |
|---|---|
| A: 10 m | B: 100 m |
| C: 1.000 m | D: 10.000 m |

**300 €**

Schätze die Höhe eines Din A 3 Zeichenblocks.

| | |
|---|---|
| A: ca. 10 cm | B: ca. 40 cm |
| C: ca. 3 dm | D: ca. 60 mm |

**500 €**

3,4 dm =

| | |
|---|---|
| A: 3 dm 4 cm | B: 34 m |
| C: 34 mm | D: 3 dm 40 cm |

**1.000 €**

1.234 $cm^2$ =

| | |
|---|---|
| A: 12,34 $dm^2$ | B: 123,4 $dm^2$ |
| C: 1,234 $dm^2$ | D: 12.340 $mm^2$ |

**2.000 €**

$4 \cdot a$

| | |
|---|---|
| A: $A_Q$ | B: $u_Q$ |
| C: $A_R$ | D: $u_R$ |

**4.000 €**

Berechne den Umfang des Quadrats a = 8 dm

| | |
|---|---|
| A: 16 dm | B: 32 dm |
| C: 3,4 m | D: 240 mm |

**8.000 €**

Berechne den Flächeninhalt des Quadrats a = 13 dm

| | |
|---|---|
| A: 26 $dm^2$ | B: 26 dm |
| C: 169 $dm^2$ | D: 196 $dm^2$ |

**16.000 €**

Berechne den Umfang des Rechtecks a = 78 m und b = 21 m

| | |
|---|---|
| A: 19,8 dm | B: 104 mm |
| C: 2,48 dm | D: 316 mm |

**32.000 €**

Der Umfang eines Quadrats beträgt 132 cm.

| | |
|---|---|
| A: a = 33 cm | B: a = 3,4 dm |
| C: a = 35 cm | D: a = 3,6 dm |

**64.000 €**

Berechne den Flächeninhalt des Rechtecks a = 6,3 cm und b = 3 cm

| | |
|---|---|
| A: 16,4 $cm^2$ | B: 18,9 $cm^2$ |
| C: 14,3 $cm^2$ | D: 12,9 $cm^2$ |

**125.000 €**

Berechne den Flächeninhalt des Quadrats a = 3,5 mm

| | |
|---|---|
| A: 12,25 $mm^2$ | B: 13,25 $mm^2$ |
| C: 14,25 $mm^2$ | D: 16,25 $mm^2$ |

**500.000 €**

$u_R$ = 102 cm
a = 3,5 dm

| | |
|---|---|
| A: b = 1,8 dm | B: b = 16 cm |
| C: b = 0,2 m | D: b = 220 mm |

**1.000.000 €**

$A_R$ = 98 $m^2$
a = 70 dm

| | |
|---|---|
| A: b = 50 cm | B: b = 130 dm |
| C: b = 12 dm | D: b = 14 m |

**KOPFRECHEN CHAMPION**

Name



# Oberfläche und Volumen

### 50 €

Ein Quader hat … Ecken

| | |
|---|---|
| A 4 | B 6 |
| C 8 | D 10 |

### 100 €

Ich bin ein Körper und habe 6 gleich große Quadrate als Begrenzungsflächen.

| | |
|---|---|
| A Kegel | B Kugel |
| C Zylinder | D Würfel |

### 200 €

Schneidet man Körper an den Kanten auf, entsteht …

| | |
|---|---|
| A ein Netz | B ein Schrägbild |
| C eine Skizze | D eine Planfigur |

### 300 €

Die Oberfläche wird in Rechnungen mit … abgekürzt.

| | |
|---|---|
| A o | B O |
| C of | D Of |

### 500 €

Flächeninhalt des Rechtecks

| | |
|---|---|
| A $a + b$ | B $2\,(a + b)$ |
| C $a \cdot b$ | D $a^3$ |

### 1.000 €

$O_W =$

| | |
|---|---|
| A $a^2$ | B $a^3$ |
| C $6 \cdot a \cdot a$ | D $2 \cdot a \cdot b + 2 \cdot a \cdot c + 2 \cdot b \cdot c$ |

### 2.000 €

Berechne die Oberfläche des Würfels a = 1 dm

| | |
|---|---|
| A $4\ dm^2$ | B $6\ dm^2$ |
| C 10 dm | D 12 dm |

### 4.000 €

Bei der Oberfläche eines Quaders musst du die Flächeninhalte aller 6 Flächen…

| | |
|---|---|
| A addieren | B subtrahieren |
| C multiplizieren | D dividieren |

### 8.000 €

Schätze die Oberfläche einer Streichholzschachtel.

| | |
|---|---|
| A $5\ cm^2$ | B ca. $50\ cm^2$ |
| C ca. $500\ cm^2$ | D ca. $5.000\ cm^2$ |

### 16.000 €

Berechne Grund- und Deckfläche des Quaders a = 5 cm und b = 4 cm

| | |
|---|---|
| A $20\ cm^2$ | B $40\ cm^2$ |
| C $180\ cm^2$ | D $60\ cm^2$ |

### 32.000 €

Berechne die Oberfläche des Würfels a = 3 mm

| | |
|---|---|
| A $12\ mm^2$ | B $36\ mm^2$ |
| C $9\ mm^2$ | D $54\ mm^2$ |

### 64.000 €

Berechne die Oberfläche des Quaders a = 1 m, b = 2 m, c = 3 m

| | |
|---|---|
| A $6\ m^2$ | B $12\ m^2$ |
| C $22\ m^2$ | D $24\ m^2$ |

### 125.000 €

Die Oberfläche eines Würfels beträgt $150\ dm^2$

| | |
|---|---|
| A a = 2 dm | B a = 3 dm |
| C a = 4 dm | D a = 5 dm |

### 500.000 €

Berechne die Oberfläche des Quaders a = 2 dm, b = 30 cm, c = 4 dm

| | |
|---|---|
| A $52\ dm^2$ | B $68\ dm^2$ |
| C $48\ dm^2$ | D $44\ dm^2$ |

### 1.000.000 €

Eine würfelförmige Schachtel ist nach oben offen. Berechne die Oberfläche. a = 6 cm

| | |
|---|---|
| A $218\ cm^2$ | B $130\ cm^2$ |
| C $150\ cm^2$ | D $180\ cm^2$ |

**KOPFRECHEN CHAMPION**

Name



## Oberfläche und Volumen

**50 €**

Ein Quader hat … Kanten

| | |
|---|---|
| A 12 | B 6 |
| C 8 | D 10 |

**100 €**

Ich bin ein Körper. Alle meine Kanten stehen senkrecht aufeinander.

| | |
|---|---|
| A Kegel | B Kugel |
| C Quader | D Rechteck |

**200 €**

Bei einem Schrägbild werden die Kanten nach hinten in einem Winkel von … gezeichnet.

| | |
|---|---|
| A 10° | B 45° |
| C 90° | D 180° |

**300 €**

Die Oberfläche eines Würfels wird in Rechnungen mit … abgekürzt.

| | |
|---|---|
| A oW | B OW |
| C $o_W$ | D $O_W$ |

**500 €**

Flächeninhalt des Quadrats

| | |
|---|---|
| A $a^2$ | B $2 \cdot a$ |
| C $4 \cdot a$ | D $a^3$ |

**1.000 €**

$O_Q =$

| | |
|---|---|
| A $(a + b + c)^2$ | B $a^3$ |
| C $6 \cdot a \cdot b$ | D $2 \cdot a \cdot b + 2 \cdot a \cdot c + 2 \cdot b \cdot c$ |

**2.000 €**

Berechne die Oberfläche des Würfels a = 10 cm

| | |
|---|---|
| A 16 $dm^2$ | B 600 $cm^2$ |
| C 100 $cm^2$ | D 20 $dm^2$ |

**4.000 €**

Die Oberfläche eines Quaders besteht aus 2 mal Grundfläche, 2 mal Vorderfläche und 2 mal …

| | |
|---|---|
| A Oberfläche | B Rückfläche |
| C Deckfläche | D Seitenfläche |

**8.000 €**

Schätze die Oberfläche eines Spielwürfels.

| | |
|---|---|
| A ca. 8 $mm^2$ | B ca. 1 $dm^2$ |
| C ca. 13 $cm^2$ | D ca. 150 $cm^2$ |

**16.000 €**

Berechne beide Seitenflächen des Quaders b = 6 cm und c = 3 cm

| | |
|---|---|
| A 9 $cm^2$ | B 18 $cm^2$ |
| C 36 $cm^2$ | D 42 $cm^2$ |

**32.000 €**

Berechne die Oberfläche des Würfels a = 2 cm

| | |
|---|---|
| A 4 $cm^2$ | B 12 $cm^2$ |
| C 18 $cm^2$ | D 24 $cm^2$ |

**64.000 €**

Berechne die Oberfläche des Quaders a = 2 cm, b = 2 cm, c = 4 cm

| | |
|---|---|
| A 40 $cm^2$ | B 38 $cm^2$ |
| C 32 $cm^2$ | D 30 $cm^2$ |

**125.000 €**

Die Oberfläche eines Würfels beträgt 96 $dm^2$

| | |
|---|---|
| A a = 2 dm | B a = 3 dm |
| C a = 4 dm | D a = 5 dm |

**500.000 €**

Berechne die Oberfläche des Quaders a = 2 dm, b = 50 cm, c = 5 dm

| | |
|---|---|
| A 20 $dm^2$ | B 90 $dm^2$ |
| C 85 $dm^2$ | D 55 $dm^2$ |

**1.000.000 €**

Eine würfelförmige Schachtel ist nach oben offen. Berechne die Oberfläche. a = 4 cm

| | |
|---|---|
| A 116 $cm^2$ | B 30 $cm^2$ |
| C 50 $cm^2$ | D 80 $cm^2$ |

**KOPFRECHEN CHAMPION**

Name

Blatt 126

## Oberfläche und Volumen

### 50 €

Ein Würfel hat … Kanten

- A: 12
- B: 6
- C: 8
- D: 10

### 100 €

Ein Quader besitzt als Begrenzungsflächen nur …

- A: Kreise
- B: Dreiecke
- C: Rechtecke
- D: Fünfecke

### 200 €

Ich bin eine Fläche. Alle meine Seiten sind gleich lang.

- A: Quadrat
- B: Trapez
- C: Parallelogramm
- D: Drachen

### 300 €

Die Oberfläche eines Quaders wird in Rechnungen mit … abgekürzt.

- A: $o_Q$
- B: $O_Q$
- C: oQ
- D: OQ

### 500 €

$a \cdot b$

- A: $A_R$
- B: $u_R$
- C: $V_Q$
- D: $O_W$

### 1.000 €

$O_Q =$

- A: $(a + b + c)^2$
- B: $2 \cdot a \cdot b + 2 \cdot a \cdot c + 2 \cdot b \cdot c$
- C: $6 \cdot a \cdot b$
- D: $2 \cdot a + b \cdot 2 \cdot a \cdot c \cdot 2 \cdot b + c$

### 2.000 €

Berechne die Oberfläche des Würfels a = 1 m

- A: 600 $m^2$
- B: 4 $m^2$
- C: 12 $m^2$
- D: 6 $m^2$

### 4.000 €

Die Oberfläche eines Quaders besteht aus 2 mal Seitenfläche, 2 mal Vorderfläche und 2 mal …

- A: Oberfläche
- B: Rückfläche
- C: Innenfläche
- D: Grundfläche

### 8.000 €

Schätze die Oberfläche eines Din A 4 Heftes.

- A: ca. 12 $dm^2$
- B: ca. 12 $cm^2$
- C: ca. 1 $m^2$
- D: ca. 50 $dm^2$

### 16.000 €

Berechne beide Seitenflächen des Quaders b = 8 mm und c = 13 mm

- A: 104 $mm^2$
- B: 208 $mm^2$
- C: 98 $mm^2$
- D: 124 $mm^2$

### 32.000 €

Berechne die Oberfläche des Würfels a = 5 cm

- A: 120 $cm^2$
- B: 130 $cm^2$
- C: 140 $cm^2$
- D: 150 $cm^2$

### 64.000 €

Berechne die Oberfläche des Quaders a = 1 m, b = 5 m, c = 8 m

- A: 56 $m^2$
- B: 68 $m^2$
- C: 106 $m^2$
- D: 112 $m^2$

### 125.000 €

Die Oberfläche eines Würfels beträgt 54 $dm^2$

- A: a = 2 dm
- B: a = 3 dm
- C: a = 4 dm
- D: a = 5 dm

### 500.000 €

Berechne die Oberfläche des Quaders a = 3 dm, b = 40 cm, c = 3 dm

- A: 20 $dm^2$
- B: 66 $dm^2$
- C: 85 $dm^2$
- D: 52 $dm^2$

### 1.000.000 €

Eine würfelförmige Schachtel ist nach oben offen. Berechne die Oberfläche. a = 8 cm

- A: 116 $cm^2$
- B: 320 $cm^2$
- C: 450 $cm^2$
- D: 280 $cm^2$

KOPFRECHEN CHAMPION

Name



# Oberfläche und Volumen

**50 €**

Ein Würfel hat … Ecken

- A: 12
- B: 6
- C: 8
- D: 10

**100 €**

Ein Würfel besitzt als Begrenzungsflächen nur …

- A: Kreise
- B: Dreiecke
- C: Quadrate
- D: Fünfecke

**200 €**

Ich bin eine Fläche. Gegenüberliegende Seiten sind gleich lang und parallel.

- A: Dreieck
- B: Trapez
- C: Rechteck
- D: Drachen

**300 €**

Welcher Gegenstand ist kein Quader?

- A: Eistüte
- B: Schulbuch
- C: Schuhschachtel
- D: Spielwürfel

**500 €**

$a \cdot a$

- A: $A_Q$
- B: $u_Q$
- C: $V_W$
- D: $O_W$

**1.000 €**

$O_W =$

- A: $6 \cdot a^2$
- B: $a^3$
- C: $5 \cdot a \cdot b$
- D: $2 \cdot a + b \cdot 2 \cdot a \cdot c \cdot 2 \cdot b + c$

**2.000 €**

Berechne die Oberfläche des Würfels a = 10 m

- A: $600\ m^2$
- B: $40\ m^2$
- C: $120\ m^2$
- D: $60\ m^2$

**4.000 €**

Die Oberfläche eines Quaders besteht aus 2 mal Seitenfläche, 2 mal Grundfläche und 2 mal …

- A: Oberfläche
- B: Rückfläche
- C: Seitenfläche
- D: Innenfläche

**8.000 €**

Schätze die Oberfläche eines Schulbuchs.

- A: ca. $10\ cm^2$
- B: ca. $10\ dm^2$
- C: ca. $10\ m^2$
- D: ca. $10\ mm^2$

**16.000 €**

Berechne Grund- und Deckfläche des Quaders b = 6 m und c = 15 m

- A: $104\ m^2$
- B: $208\ m^2$
- C: $98\ m^2$
- D: $180\ m^2$

**32.000 €**

Berechne die Oberfläche des Würfels a = 6 cm

- A: $180\ cm^2$
- B: $216\ cm^2$
- C: $360\ cm^2$
- D: $182\ cm^2$

**64.000 €**

Berechne die Oberfläche des Quaders a = 2 m, b = 5 m, c = 6 m

- A: $86\ m^2$
- B: $96\ m^2$
- C: $104\ m^2$
- D: $116\ m^2$

**125.000 €**

Die Oberfläche eines Würfels beträgt $24\ dm^2$

- A: a = 2 dm
- B: a = 3 dm
- C: a = 4 dm
- D: a = 5 dm

**500.000 €**

Berechne die Oberfläche des Quaders a = 6 dm, b = 20 cm, c = 4 dm

- A: $20\ dm^2$
- B: $66\ dm^2$
- C: $88\ dm^2$
- D: $52\ dm^2$

**1.000.000 €**

Eine würfelförmige Schachtel ist nach oben offen. Berechne die Oberfläche. a = 11 cm

- A: $605\ cm^2$
- B: $710\ cm^2$
- C: $508\ cm^2$
- D: $820\ cm^2$

KOPFRECHEN CHAMPION

Name

Blatt 128

## Oberfläche und Volumen

**50 €** – Rauminhalt von Körpern

- A: Volumen
- B: Volume
- C: Volamen
- D: Volomen

**100 €** – Ein Würfel mit der Kantenlänge 1 cm hat das Volumen von …

- A: 1 $mm^3$
- B: 1 $cm^3$
- C: 1 $dm^2$
- D: 10 $m^3$

**200 €** – Die Umrechnungszahl bei Raummaßen ist …

- A: 1
- B: 10
- C: 100
- D: 1.000

**300 €** – 1 $m^3$

- A: 10 $dm^3$
- B: 100 $dm^3$
- C: 1.000 $dm^3$
- D: 10.000 $dm^3$

**500 €** – Verwandle 7 $cm^3$ in die nächstkleinere Einheit.

- A: 7.000 $dm^3$
- B: 7.000 $mm^3$
- C: 70 $dm^3$
- D: 700 $mm^3$

**1.000 €** – Verwandle 13.000 $dm^3$ in die nächstgrößere Einheit.

- A: 13 $cm^3$
- B: 13 $m^3$
- C: 1.300 $cm^3$
- D: 130 $m^3$

**2.000 €** – Der Rauminhalt des Klassenzimmers wird in … angegeben.

- A: $cm^3$
- B: $mm^3$
- C: $m^3$
- D: $dm^3$

**4.000 €** – Die Oberfläche eines Quaders besteht aus 2 mal Rückenfläche, 2 mal Grundfläche und 2 mal …

- A: Oberfläche
- B: Rückfläche
- C: Seitenfläche
- D: Innenfläche

**8.000 €** – Schätze den Rauminhalt einer Zündholzschachtel.

- A: ca. 50 $cm^3$
- B: ca. 15 $dm^3$
- C: ca. 50 $mm^3$
- D: ca. 1 $m^3$

**16.000 €** – $V_Q =$

- A: $a + b + c$
- B: $a \cdot b \cdot c$
- C: $2 (a + b)$
- D: $a^2$

**32.000 €** – Berechne den Rauminhalt des Würfels a = 2 cm

- A: 8 $cm^3$
- B: 6 $cm^3$
- C: 4 $cm^3$
- D: 10 $cm^3$

**64.000 €** – Berechne den Rauminhalt des Quaders a = 1 m, b = 2 m, c = 3 m

- A: 8 $m^3$
- B: 9 $m^3$
- C: 12 $m^3$
- D: 6 $m^3$

**125.000 €** – Berechne den Rauminhalt des Würfels a = 4 dm

- A: 16 $dm^3$
- B: 32 $dm^3$
- C: 64 $dm^3$
- D: 82 $dm^3$

**500.000 €** – Berechne den Rauminhalt des Quaders a = 2 dm, b = 30 cm, c = 6 dm

- A: 28 $dm^3$
- B: 36 $dm^3$
- C: 52 $dm^3$
- D: 44 $dm^3$

**1.000.000 €** – $V_Q = 90\ cm^3$, a = 6 cm, b = 5 cm

- A: c = 2 cm
- B: c = 3 cm
- C: c = 4 cm
- D: c = 5 cm

**KOPFRECHEN CHAMPION**



## Oberfläche und Volumen

**50 €**

$1\ m^3$

- A: 1 Quadratmeter
- B: 1 Kubikmeter
- C: 1 Hausmeter
- D: 1 Meter

**100 €**

Ein Würfel mit der Kantenlänge 1 dm hat das Volumen von …

- A: $1.000\ mm^3$
- B: $100\ cm^3$
- C: $1\ dm^3$
- D: $10\ m^3$

**200 €**

$1\ cm^3$ sprich …

- A: Zentimeter hoch 3
- B: Quadratzentimeter
- C: Zentimeter mal 3
- D: Zentimeter 3 mal hoch

**300 €**

$1\ dm^3$

- A: $10.000\ cm^3$
- B: $1.000\ cm^3$
- C: $100\ cm^3$
- D: $10\ cm^3$

**500 €**

Verwandle $8\ dm^3$ in die nächstkleinere Einheit.

- A: $80\ cm^3$
- B: $800\ cm^3$
- C: $8.000\ cm^3$
- D: $80.000\ cm^3$

**1.000 €**

Verwandle $102.000.000\ mm^3$ in die nächstgrößere Einheit.

- A: $10{,}2\ dm^3$
- B: $102.000\ cm^3$
- C: $1.020\ dm^3$
- D: $10.200\ cm^3$

**2.000 €**

Der Rauminhalt eines Eiswürfels wird in … angegeben.

- A: $cm^3$
- B: $mm^3$
- C: $m^3$
- D: $dm^3$

**4.000 €**

1 hl =

- A: 1 l
- B: 10 l
- C: 100 l
- D: 1.000 l

**8.000 €**

Schätze den Rauminhalt eines Klassenzimmers.

- A: ca. $500\ cm^3$
- B: ca. $15\ dm^3$
- C: ca. $150.000\ mm^3$
- D: ca. $150\ m^3$

**16.000 €**

$V_W =$

- A: $a + a + a$
- B: $6 \cdot a \cdot a$
- C: $a \cdot a \cdot a$
- D: $a \cdot a$

**32.000 €**

Berechne den Rauminhalt des Würfels a = 3 m

- A: $9\ m^3$
- B: $12\ m^3$
- C: $30\ m^3$
- D: $27\ m^3$

**64.000 €**

Berechne den Rauminhalt des Quaders a = 4 cm, b = 2 cm, c = 3 cm

- A: $14\ cm^3$
- B: $24\ cm^3$
- C: $9\ cm^3$
- D: $18\ cm^3$

**125.000 €**

Berechne den Rauminhalt des Würfels a = 5 mm

- A: $65\ mm^3$
- B: $125\ mm^3$
- C: $105\ mm^3$
- D: $205\ mm^3$

**500.000 €**

Berechne den Rauminhalt des Quaders a = 2 m, b = 80 dm, c = 6 m

- A: $64\ m^3$
- B: $88\ m^3$
- C: $96\ m^3$
- D: $104\ m^3$

**1.000.000 €**

$V_Q = 96\ cm^3$
a = 2 cm, b = 3 cm

- A: c = 16 cm
- B: c = 21 cm
- C: c = 17 cm
- D: c = 18 cm

KOPFRECHEN CHAMPION

Name



## Oberfläche und Volumen

### 50 €

Der Rauminhalt wird in Rechnungen mit … abgekürzt.

- A: O
- B: u
- C: V
- D: R

### 100 €

Ein Würfel mit der Kantenlänge 1 m hat das Volumen von …

- A: 10.000 $mm^3$
- B: 10.000 $cm^3$
- C: 100 $dm^3$
- D: 1 $m^3$

### 200 €

1.000 ist die Umrechnungszahl bei …

- A: Längen
- B: Flächen
- C: Strecken
- D: Rauminhalten

### 300 €

3 $m^3$

- A: 30 $cm^3$
- B: 3.000 $dm^3$
- C: 300 $cm^3$
- D: 30 $mm^3$

### 500 €

Verwandle 4 $m^3$ 13 $dm^3$ in Kubikdezimeter.

- A: 416 $dm^3$
- B: 40.013 $dm^3$
- C: 4.013 $dm^3$
- D: 400.013 $dm^3$

### 1.000 €

Verwandle 400 $mm^3$ in die nächstgrößere Einheit.

- A: 0,4 $cm^3$
- B: 4 $cm^3$
- C: 40 $cm^3$
- D: 400 $cm^3$

### 2.000 €

Wie viele Liter Wasser passen in einen Putzeimer?

- A: 1
- B: 10
- C: 50
- D: 100

### 4.000 €

1 hl =

- A: 1 $dm^3$
- B: 10 $dm^3$
- C: 100 $dm^3$
- D: 1.000 $dm^3$

### 8.000 €

Schätze das Volumen eines Aquariums.

- A: ca. 18 $cm^3$
- B: ca. 80 $dm^3$
- C: ca. 8.000.000 $mm^3$
- D: ca. 800 $m^3$

### 16.000 €

$a \cdot b \cdot c$

- A: $O_Q$
- B: $A_Q$
- C: $u_Q$
- D: $V_Q$

### 32.000 €

Berechne den Rauminhalt des Würfels a = 10 cm

- A: 1 $dm^3$
- B: 10 $cm^3$
- C: 100 $cm^3$
- D: 0,1 $m^3$

### 64.000 €

Berechne den Rauminhalt des Quaders
a = 4 cm, b = 3 cm, c = 7 cm

- A: 104 $cm^3$
- B: 86 $cm^3$
- C: 84 $cm^3$
- D: 98 $cm^3$

### 125.000 €

Berechne den Rauminhalt des Würfels a = 6 m

- A: 206 $m^3$
- B: 124 $m^3$
- C: 188 $m^3$
- D: 216 $m^3$

### 500.000 €

Berechne den Rauminhalt des Quaders
a = 0,8 dm, b = 6 cm, c = 0,3 dm

- A: 168 $cm^3$
- B: 144 $cm^3$
- C: 90 $cm^3$
- D: 112 $cm^3$

### 1.000.000 €

$V_Q$ = 216 $cm^3$
a = 9 cm, b = 3 cm

- A: c = 5 cm
- B: c = 8 cm
- C: c = 9 cm
- D: c = 12 cm

KOPFRECHEN CHAMPION

Name



# Oberfläche und Volumen

**50 €**

Ein Liter Milch passt in …

| | |
|---|---|
| A ein Sektglas | B eine Kaffeetasse |
| C einen Maßkrug | D eine Zahnpastatube |

**100 €**

Ein Würfel mit der Kantenlänge 1 mm hat das Volumen von …

| | |
|---|---|
| A $1.000\ mm^3$ | B $100\ mm^3$ |
| C $10\ mm^3$ | D $1\ mm^3$ |

**200 €**

100 ist die Umrechnungszahl bei …

| | |
|---|---|
| A Längen | B Flächen |
| C Strecken | D Rauminhalten |

**300 €**

$5\ cm^3$

| | |
|---|---|
| A $5.000\ cm^3$ | B $5.000\ mm^3$ |
| C $5.000\ dm^3$ | D $5.000\ m^3$ |

**500 €**

Verwandle $42\ m^3\ 8\ dm^3$ in Kubikdezimeter.

| | |
|---|---|
| A $428\ dm^3$ | B $4.208\ dm^3$ |
| C $42.008\ dm^3$ | D $420.008\ dm^3$ |

**1.000 €**

Verwandle $3.900\ dm^3$ in die nächstgrößere Einheit.

| | |
|---|---|
| A $390\ m^3$ | B $39\ m^3$ |
| C $3{,}9\ m^3$ | D $0{,}39\ m^3$ |

**2.000 €**

Wie viele Liter Wasser passen in eine Badewanne?

| | |
|---|---|
| A 5 | B 50 |
| C 500 | D 5.000 |

**4.000 €**

1 ml =

| | |
|---|---|
| A $1\ dm^3$ | B $1\ cm^3$ |
| C $10\ dm^3$ | D $10\ cm^3$ |

**8.000 €**

Schätze das Volumen eines Spielwürfels.

| | |
|---|---|
| A ca. $3\ mm^3$ | B ca. $3\ cm^3$ |
| C ca. $13\ cm^3$ | D ca. $13\ dm^3$ |

**16.000 €**

$a \bullet a \bullet a$

| | |
|---|---|
| A $O_W$ | B $A_Q$ |
| C $u_Q$ | D $V_W$ |

**32.000 €**

Berechne den Rauminhalt des Würfels a = 100 mm

| | |
|---|---|
| A $1\ dm^3$ | B $10\ cm^3$ |
| C $10.000\ mm^3$ | D $0{,}1\ m^3$ |

**64.000 €**

Berechne den Rauminhalt des Quaders a = 6 cm, b = 5 cm, c = 5 cm

| | |
|---|---|
| A $120\ cm^3$ | B $100\ cm^3$ |
| C $150\ cm^3$ | D $175\ cm^3$ |

**125.000 €**

Berechne den Rauminhalt des Würfels a = 9 m

| | |
|---|---|
| A $709\ m^3$ | B $719\ m^3$ |
| C $729\ m^3$ | D $739\ m^3$ |

**500.000 €**

Berechne den Rauminhalt des Quaders a = 0,4 dm, b = 7 cm, c = 0,3 dm

| | |
|---|---|
| A $78\ cm^3$ | B $84\ cm^3$ |
| C $90\ cm^3$ | D $108\ cm^3$ |

**1.000.000 €**

$V_Q = 252\ cm^3$

a = 6 cm, b = 7 cm

| | |
|---|---|
| A c = 5 cm | B c = 6 cm |
| C c = 7 cm | D c = 8 cm |

**KOPFRECHEN CHAMPION**

Name

Blatt 132

## Oberfläche und Volumen

**50 €**

Ein Quader hat … Ecken.

| | |
|---|---|
| A 12 | B 10 |
| C 8 | D 6 |

**100 €**

Die Oberfläche wird in Rechnungen mit … abgekürzt.

| | |
|---|---|
| A O | B o |
| C Of | D of |

**200 €**

Flächeninhalt Quadrat

| | |
|---|---|
| A $a + a$ | B $a + b$ |
| C $a \bullet a$ | D $a \bullet a \bullet a$ |

**300 €**

$1\ m^2$

| | |
|---|---|
| A $100\ cm^2$ | B $1.000\ cm^2$ |
| C $10.000\ cm^2$ | D $100.000\ cm^2$ |

**500 €**

Verwandle $300\ m^3$ in die nächstkleinere Einheit.

| | |
|---|---|
| A $30.000\ dm^3$ | B $300.000\ dm^3$ |
| C $3.000.000\ dm^3$ | D $30.000.000\ dm^3$ |

**1.000 €**

Wie viel Flüssigkeit passt in eine Spritze?

| | |
|---|---|
| A 2 ml | B 10 l |
| C 15 ml | D 80 l |

**2.000 €**

Berechne die Oberfläche des Würfels $a = 1\ m$

| | |
|---|---|
| A $12\ m^2$ | B 10 m |
| C 8 m | D $6\ m^2$ |

**4.000 €**

$V_W =$

| | |
|---|---|
| A $a + b + c$ | B $a \bullet a \bullet a$ |
| C $6 \bullet a \bullet a$ | D $2\ (a + b)$ |

**8.000 €**

Schätze das Volumen eines Radiergummis.

| | |
|---|---|
| A ca. $8\ cm^3$ | B ca. $8\ dm^3$ |
| C ca. $8\ mm^3$ | D ca. $8\ m^3$ |

**16.000 €**

Berechne den Rauminhalt des Würfels $a = 4\ cm$

| | |
|---|---|
| A $32\ cm^3$ | B $32\ cm^2$ |
| C $64\ cm^2$ | D $64\ cm^3$ |

**32.000 €**

Berechne den Rauminhalt des Quaders $a = 10\ cm$, $b = 3\ cm$, $c = 4\ cm$

| | |
|---|---|
| A $12\ cm^3$ | B $120\ cm^3$ |
| C $17\ cm^2$ | D $170\ cm^3$ |

**64.000 €**

Berechne die Oberfläche des Quaders $a = 1\ cm$, $b = 2\ cm$, $c = 1\ cm$

| | |
|---|---|
| A $1\ cm^2$ | B $1\ dm^2$ |
| C $10\ cm^2$ | D $10\ dm^2$ |

**125.000 €**

$V_W = 27\ m^3$

| | |
|---|---|
| A $a = 1\ m$ | B $a = 2\ m$ |
| C $a = 3\ m$ | D $a = 4\ m$ |

**500.000 €**

Berechne die Oberfläche des Würfels $a = 11\ cm$

| | |
|---|---|
| A $574\ cm^2$ | B $628\ cm^2$ |
| C $726\ cm^2$ | D $812\ cm^2$ |

**1.000.000 €**

$V_Q = 270\ m^3$
$a = 5\ m$, $b = 9\ m$

| | |
|---|---|
| A $c = 5\ m$ | B $c = 6\ m$ |
| C $c = 7\ m$ | D $c = 8\ m$ |

KOPFRECHEN CHAMPION

Name



# Oberfläche und Volumen

## 50 €

Ein Würfel hat … Kanten.

- A: 12
- B: 10
- C: 8
- D: 6

## 100 €

Der Rauminhalt wird in Rechnungen mit … abgekürzt.

- A: R
- B: O
- C: V
- D: A

## 200 €

Flächeninhalt Rechteck

- A: a + a
- B: a + b
- C: a • b
- D: a • b • c

## 300 €

1 $m^3$

- A: 1.000 $cm^3$
- B: 10.000 $cm^3$
- C: 100.000 $cm^3$
- D: 1.000.000 $cm^3$

## 500 €

Verwandle 3.000 $dm^3$ in die nächstgrößere Einheit.

- A: 3 $m^3$
- B: 30 $m^3$
- C: 300 $m^3$
- D: 3.000 $m^3$

## 1.000 €

Wie viele Liter Wasser passen in ein Hallenbad?

- A: 500 l
- B: 5.000 l
- C: 50.000 l
- D: 500.000 l

## 2.000 €

Berechne die Oberfläche des Würfels a = 2 m

- A: 48 $m^2$
- B: 10 m
- C: 20 m
- D: 24 $m^2$

## 4.000 €

$O_W =$

- A: a + b + c
- B: a • a • a
- C: 6 • a • a
- D: 2 (a + b)

## 8.000 €

Schätze die Oberfläche eines Fußballs

- A: ca. 15 $cm^2$
- B: ca. 15 $dm^2$
- C: ca. 15 $mm^2$
- D: ca. 15 $m^2$

## 16.000 €

Berechne den Rauminhalt des Würfels a = 3 dm

- A: 27 $dm^3$
- B: 28 $dm^3$
- C: 29 $dm^3$
- D: 30 $dm^3$

## 32.000 €

Berechne den Rauminhalt des Quaders a = 6 m, b = 7 m, c = 3 m

- A: 36 $m^3$
- B: 132 $m^3$
- C: 16 $m^2$
- D: 126 $m^3$

## 64.000 €

Berechne die Oberfläche des Quaders a = 2 cm, b = 2 cm, c = 5 cm

- A: 44 $cm^2$
- B: 46 $cm^2$
- C: 48 $cm^2$
- D: 50 $cm^2$

## 125.000 €

$V_W = 64\ m^3$

- A: a = 1 m
- B: a = 2 m
- C: a = 3 m
- D: a = 4 m

## 500.000 €

Berechne die Oberfläche des Würfels a = 12 cm

- A: 864 $cm^2$
- B: 820 $cm^2$
- C: 782 $cm^2$
- D: 721 $cm^2$

## 1.000.000 €

$V_Q = 168\ m^3$
a = 6 m, b = 4 m

- A: c = 5 m
- B: c = 6 m
- C: c = 7 m
- D: c = 8 m

**KOPFRECHEN CHAMPION**



## Oberfläche und Volumen

**50 €**

Ich bin ein Körper. Du findest mich häufig bei Brettspielen.

| | |
|---|---|
| A Pyramide | B Zylinder |
| C Quader | D Würfel |

**100 €**

Ich bin eine Fläche. Meine Seiten stehen senkrecht aufeinander.

| | |
|---|---|
| A Kreis | B Quader |
| C Quadrat | D Würfel |

**200 €**

Die Umrechnungszahl bei Flächen ist …

| | |
|---|---|
| A 10 | B 100 |
| C 1.000 | D 10.000 |

**300 €**

1 $dm^2$

| | |
|---|---|
| A 10 $cm^2$ | B 100 $cm^2$ |
| C 1.000 $cm^2$ | D 10.000 $cm^2$ |

**500 €**

Verwandle 2.700 $dm^3$ in die nächstgrößere Einheit.

| | |
|---|---|
| A 27 $m^3$ | B 2,7 $m^3$ |
| C 0,27 $m^3$ | D 0,027 $m^3$ |

**1.000 €**

Wie viel passt in eine Zahnpastatube?

| | |
|---|---|
| A 2 ml | B 15 ml |
| C 500 l | D 30.000 l |

**2.000 €**

Berechne die Oberfläche des Würfels a = 3 m

| | |
|---|---|
| A 48 $m^2$ | B 40 m |
| C 50 m | D 54 $m^2$ |

**4.000 €**

$O_Q =$

| | |
|---|---|
| A $2 \cdot a \cdot b + 2 \cdot b \cdot c + 2 \cdot c \cdot a$ | B $2 \cdot (a + b) + 2 \cdot (b + c) + 2 \cdot (c + a)$ |
| C $6 \cdot a \cdot a$ | D $2 (a + b)$ |

**8.000 €**

Schätze das Volumen eines Fußballs

| | |
|---|---|
| A ca. 5 $cm^3$ | B ca. 5 $dm^3$ |
| C ca. 5 $mm^3$ | D ca. 5 $m^3$ |

**16.000 €**

Berechne den Rauminhalt des Würfels a = 5 dm

| | |
|---|---|
| A 115 $dm^3$ | B 120 $dm^3$ |
| C 125 $dm^3$ | D 130 $dm^3$ |

**32.000 €**

Berechne den Rauminhalt des Quaders a = 4 m, b = 7 m, c = 4 m

| | |
|---|---|
| A 112 $m^3$ | B 108 $m^3$ |
| C 106 $m^2$ | D 104 $m^3$ |

**64.000 €**

Berechne die Oberfläche des Quaders a = 2 cm, b = 3 cm, c = 5 cm

| | |
|---|---|
| A 62 $cm^2$ | B 58 $cm^2$ |
| C 56 $cm^2$ | D 50 $cm^2$ |

**125.000 €**

$V_W = 125\ m^3$

| | |
|---|---|
| A a = 3 m | B a = 4 m |
| C a = 5 m | D a = 6 m |

**500.000 €**

Berechne die Oberfläche des Würfels a = 13 cm

| | |
|---|---|
| A 988 $cm^2$ | B 1.002 $cm^2$ |
| C 1.014 $cm^2$ | D 1.028 $cm^2$ |

**1.000.000 €**

$V_Q = 264\ m^3$

a = 11 m, b = 2 m

| | |
|---|---|
| A c = 14 m | B c = 12 m |
| C c = 10 m | D c = 8 m |

**KOPFRECHEN CHAMPION**

Name

# Oberfläche und Volumen

**50 €**

Ich bin ein Körper. Alle meine Kanten stehen senkrecht zueinander.

| | |
|---|---|
| A Pyramide | B Kegel |
| C Quader | D Zylinder |

**100 €**

Ich bin eine Fläche. Meine Seiten sind gleich lang.

| | |
|---|---|
| A Kreis | B Quader |
| C Quadrat | D Würfel |

**200 €**

Die Umrechnungszahl bei Rauminhalten ist …

| | |
|---|---|
| A 10 | B 100 |
| C 1.000 | D 10.000 |

**300 €**

1 $dm^3$

| | |
|---|---|
| A 10 $cm^3$ | B 100 $cm^3$ |
| C 1.000 $cm^3$ | D 10.000 $cm^3$ |

**500 €**

Verwandle 12.300 $dm^3$ in die nächstgrößere Einheit.

| | |
|---|---|
| A 0,123 $m^3$ | B 1,23 $m^3$ |
| C 12,3 $m^3$ | D 123 $m^3$ |

**1.000 €**

Wie viel Öl passt in einen Lastwagen?

| | |
|---|---|
| A 2 ml | B 15 ml |
| C 500 l | D 30.000 l |

**2.000 €**

Berechne die Oberfläche des Würfels a = 4 m

| | |
|---|---|
| A 96 $m^2$ | B 90 m |
| C 100 m | D 98 $m^2$ |

**4.000 €**

$V_Q$ =

| | |
|---|---|
| A a • b • c | B a + b + c |
| C 6 • a • a | D 2 (a + b) |

**8.000 €**

Schätze die Oberfläche eines Menschen

| | |
|---|---|
| A ca. 2 $cm^2$ | B ca. 2 $dm^2$ |
| C ca. 200 $mm^2$ | D ca. 2 $m^2$ |

**16.000 €**

Berechne den Rauminhalt des Würfels a = 7 dm

| | |
|---|---|
| A 252 $dm^3$ | B 616 $dm^3$ |
| C 343 $dm^3$ | D 595 $dm^2$ |

**32.000 €**

Berechne den Rauminhalt des Quaders a = 4 m, b = 7 m, c = 5 m

| | |
|---|---|
| A 110 $m^3$ | B 120 $m^3$ |
| C 130 $m^2$ | D 140 $m^3$ |

**64.000 €**

Berechne die Oberfläche des Quaders a = 3 cm, b = 3 cm, c = 5 cm

| | |
|---|---|
| A 72 $cm^2$ | B 78 $cm^2$ |
| C 76 $cm^2$ | D 70 $cm^2$ |

**125.000 €**

$V_W$ = 216 $m^3$

| | |
|---|---|
| A a = 3 m | B a = 4 m |
| C a = 5 m | D a = 6 m |

**500.000 €**

Berechne die Oberfläche des Würfels a = 14 cm

| | |
|---|---|
| A 900 $cm^2$ | B 1.176 $cm^2$ |
| C 1.187 $cm^2$ | D 1.082 $cm^2$ |

**1.000.000 €**

$V_Q$ = 288 $m^3$
a = 12 m, b = 3 m

| | |
|---|---|
| A c = 5 m | B c = 6 m |
| C c = 7 m | D c = 8 m |

**KOPFRECHEN CHAMPION**

Name



# Teiler und Vielfache

**50 €**

Welche Zahl ist (ohne Rest) durch 2 teilbar?

| | |
|---|---|
| A 3 | B 1 |
| C 4 | D 5 |

**100 €**

Welche Zahl ist (ohne Rest) durch 10 teilbar?

| | |
|---|---|
| A 25 | B 35 |
| C 19 | D 20 |

**200 €**

Welche Zahl ist (ohne Rest) durch 5 teilbar?

| | |
|---|---|
| A 6 | B 15 |
| C 19 | D 31 |

**300 €**

Welche Zahl ist (ohne Rest) durch 4 teilbar?

| | |
|---|---|
| A 14 | B 13 |
| C 17 | D 16 |

**500 €**

Welche Zahl ist (ohne Rest) durch 3 teilbar?

| | |
|---|---|
| A 18 | B 17 |
| C 19 | D 11 |

**1.000 €**

Welche Zahl ist (ohne Rest) durch 6 teilbar?

| | |
|---|---|
| A 23 | B 25 |
| C 24 | D 27 |

**2.000 €**

Welche Zahl ist ein Vielfaches von 7?

| | |
|---|---|
| A 63 | B 62 |
| C 57 | D 41 |

**4.000 €**

Welche Zahl ist ein Vielfaches von 8?

| | |
|---|---|
| A 62 | B 64 |
| C 71 | D 90 |

**8.000 €**

Welche Zahl ist ein Vielfaches von 11?

| | |
|---|---|
| A 119 | B 121 |
| C 34 | D 67 |

**16.000 €**

Welche Zahl ist ein Vielfaches von 12?

| | |
|---|---|
| A 131 | B 132 |
| C 145 | D 107 |

**32.000 €**

Welche Zahl ist ein Vielfaches von 13?

| | |
|---|---|
| A 144 | B 166 |
| C 210 | D 169 |

**64.000 €**

Welche Zahl ist ein Vielfaches von 14?

| | |
|---|---|
| A 152 | B 156 |
| C 56 | D 52 |

**125.000 €**

Vielfache von 3 erkennt man an der …

| | |
|---|---|
| A Schrägsumme | B Quersumme |
| C Kreuzsumme | D Subsumme |

**500.000 €**

Welche Zahl ist durch 3 teilbar?

| | |
|---|---|
| A 98.344 | B 99.453 |
| C 45.679 | D 20.563 |

**1.000.000 €**

Welche Zahl ist durch 21 teilbar?

| | |
|---|---|
| A 239 | B 231 |
| C 228 | D 251 |

KOPFRECHEN CHAMPION

Name



# Teiler und Vielfache

**50 €**

Welche Zahl ist (ohne Rest) durch 2 teilbar?

A 9 | B 10
C 5 | D 15

**100 €**

Welche Zahl ist (ohne Rest) durch 10 teilbar?

A 59 | B 50
C 119 | D 44

**200 €**

Welche Zahl ist (ohne Rest) durch 5 teilbar?

A 9 | B 101
C 1.456 | D 105

**300 €**

Welche Zahl ist (ohne Rest) durch 4 teilbar?

A 47 | B 13
C 38 | D 36

**500 €**

Welche Zahl ist (ohne Rest) durch 3 teilbar?

A 17 | B 36
C 34 | D 22

**1.000 €**

Welche Zahl ist (ohne Rest) durch 6 teilbar?

A 67 | B 48
C 73 | D 47

**2.000 €**

Welche Zahl ist ein Vielfaches von 7?

A 69 | B 101
C 57 | D 77

**4.000 €**

Welche Zahl ist ein Vielfaches von 8?

A 71 | B 65
C 72 | D 90

**8.000 €**

Welche Zahl ist ein Vielfaches von 11?

A 123 | B 143
C 45 | D 219

**16.000 €**

Welche Zahl ist ein Vielfaches von 12?

A 156 | B 134
C 158 | D 332

**32.000 €**

Welche Zahl ist ein Vielfaches von 13?

A 78 | B 79
C 81 | D 76

**64.000 €**

Welche Zahl ist ein Vielfaches von 14?

A 86 | B 82
C 88 | D 84

**125.000 €**

Das kgV ist das „kleinste gemeinsame …“

A Vielfache | B Vierfache
C Dreifache | D Zweifache

**500.000 €**

Welche Zahl ist durch 3 teilbar?

A 21.871 | B 19.433
C 33.341 | D 19.344

**1.000.000 €**

Welche Zahl ist durch 23 teilbar?

A 182 | B 184
C 186 | D 187

**KOPFRECHEN CHAMPION**

Name

Blatt 138

# Teiler und Vielfache

**50 €**

Welche Zahl ist (ohne Rest) durch 2 teilbar?

| | |
|---|---|
| A 9 | B 11 |
| C 3 | D 8 |

**100 €**

Welche Zahl ist (ohne Rest) durch 10 teilbar?

| | |
|---|---|
| A 88 | B 56 |
| C 110 | D 11 |

**200 €**

Welche Zahl ist (ohne Rest) durch 5 teilbar?

| | |
|---|---|
| A 8 | B 98 |
| C 12 | D 60 |

**300 €**

Welche Zahl ist (ohne Rest) durch 4 teilbar?

| | |
|---|---|
| A 25 | B 19 |
| C 20 | D 37 |

**500 €**

Welche Zahl ist (ohne Rest) durch 3 teilbar?

| | |
|---|---|
| A 27 | B 26 |
| C 23 | D 7 |

**1.000 €**

Welche Zahl ist (ohne Rest) durch 6 teilbar?

| | |
|---|---|
| A 41 | B 42 |
| C 43 | D 45 |

**2.000 €**

Welche Zahl ist ein Vielfaches von 7?

| | |
|---|---|
| A 20 | B 35 |
| C 15 | D 76 |

**4.000 €**

Welche Zahl ist ein Vielfaches von 8?

| | |
|---|---|
| A 49 | B 66 |
| C 70 | D 48 |

**8.000 €**

Welche Zahl ist ein Vielfaches von 11?

| | |
|---|---|
| A 109 | B 110 |
| C 111 | D 131 |

**16.000 €**

Welche Zahl ist ein Vielfaches von 12?

| | |
|---|---|
| A 106 | B 108 |
| C 110 | D 109 |

**32.000 €**

Welche Zahl ist ein Vielfaches von 13?

| | |
|---|---|
| A 65 | B 63 |
| C 67 | D 76 |

**64.000 €**

Welche Zahl ist ein Vielfaches von 14?

| | |
|---|---|
| A 111 | B 110 |
| C 112 | D 113 |

**125.000 €**

Das ggT ist der „größte gemeinsame …“

| | |
|---|---|
| A Bruch | B Abstand |
| C Quotient | D Teiler |

**500.000 €**

Welche Zahl ist durch 3 teilbar?

| | |
|---|---|
| A 8.872 | B 324.233 |
| C 44.214 | D 93.400 |

**1.000.000 €**

Welche Zahl ist durch 99 teilbar?

| | |
|---|---|
| A 399 | B 398 |
| C 396 | D 397 |

KOPFRECHEN CHAMPION

Name



## Teiler und Vielfache

**50 €**
Welche Zahl ist (ohne Rest) durch 2 teilbar?

A 13 | B 12 | C 15 | D 7

**100 €**
Welche Zahl ist (ohne Rest) durch 10 teilbar?

A 201 | B 200 | C 203 | D 205

**200 €**
Welche Zahl ist (ohne Rest) durch 5 teilbar?

A 309 | B 311 | C 310 | D 312

**300 €**
Welche Zahl ist (ohne Rest) durch 4 teilbar?

A 38 | B 40 | C 42 | D 45

**500 €**
Welche Zahl ist (ohne Rest) durch 3 teilbar?

A 39 | B 37 | C 23 | D 41

**1.000 €**
Welche Zahl ist (ohne Rest) durch 6 teilbar?

A 53 | B 54 | C 56 | D 45

**2.000 €**
Welche Zahl ist ein Vielfaches von 7?

A 29 | B 27 | C 28 | D 31

**4.000 €**
Welche Zahl ist ein Vielfaches von 8?

A 96 | B 69 | C 70 | D 98

**8.000 €**
Welche Zahl ist ein Vielfaches von 11?

A 150 | B 154 | C 158 | D 160

**16.000 €**
Welche Zahl ist ein Vielfaches von 12?

A 70 | B 62 | C 68 | D 60

**32.000 €**
Welche Zahl ist ein Vielfaches von 13?

A 52 | B 51 | C 50 | D 60

**64.000 €**
Welche Zahl ist ein Vielfaches von 14?

A 70 | B 72 | C 73 | D 69

**125.000 €**
Das kgV von 10 und 25 ist …

A 100 | B 25 | C 10 | D 50

**500.000 €**
Welche Zahl ist durch 3 teilbar?

A 89.730 | B 42.424 | C 111.265 | D 777.778

**1.000.000 €**
Welche Zahl ist durch 122 teilbar?

A 1.097 | B 1.099 | C 1.092 | D 1.098

KOPFRECHEN CHAMPION

Name

Blatt 140

## Teiler und Vielfache

50 €
Welche Zahl ist (ohne Rest) durch 100 teilbar?

| | |
|---|---|
| A 550 | B 1.050 |
| C 1.000 | D 110 |

100 €
Welche Zahl ist (ohne Rest) durch 20 teilbar?

| | |
|---|---|
| A 140 | B 150 |
| C 130 | D 90 |

200 €
Welche Zahl ist (ohne Rest) durch 5 teilbar?

| | |
|---|---|
| A 999 | B 554 |
| C 1.200 | D 1.344 |

300 €
Welche Zahl ist durch 3 teilbar? (Denke an die Quersumme!)

| | |
|---|---|
| A 97 | B 98 |
| C 100 | D 99 |

500 €
Welche Zahl ist durch 3 teilbar?

| | |
|---|---|
| A 199 | B 201 |
| C 202 | D 200 |

1.000 €
Welche Zahl ist durch 3 teilbar?

| | |
|---|---|
| A 404 | B 403 |
| C 405 | D 338 |

2.000 €
Die Quersumme von 1.233 ist

| | |
|---|---|
| A 8 | B 9 |
| C 45 | D 10 |

4.000 €
Die Quersumme von 9.855 ist

| | |
|---|---|
| A 27 | B 26 |
| C 30 | D 28 |

8.000 €
Die Quersumme von 834.591 ist

| | |
|---|---|
| A 31 | B 29 |
| C 30 | D 32 |

16.000 €
Das kgV von 12 und 16 ist

| | |
|---|---|
| A 50 | B 49 |
| C 47 | D 48 |

32.000 €
Das kgV von 20 und 35 ist

| | |
|---|---|
| A 130 | B 90 |
| C 140 | D 150 |

64.000 €
Das kgV von 15 und 25 ist

| | |
|---|---|
| A 75 | B 72 |
| C 100 | D 125 |

125.000 €
Der ggT von 8 und 16 ist

| | |
|---|---|
| A 8 | B 4 |
| C 10 | D 16 |

500.000 €
Der ggT von 30 und 54 ist

| | |
|---|---|
| A 6 | B 4 |
| C 2 | D 8 |

1.000.000 €
Der ggT von 240 und 180 ist

| | |
|---|---|
| A 40 | B 80 |
| C 20 | D 60 |

KOPFRECHEN CHAMPION

Name



# Teiler und Vielfache

**50 €**

Welche Zahl ist (ohne Rest) durch 100 teilbar?

| | |
|---|---|
| A 2.150 | B 2.100 |
| C 3.201 | D 1.105 |

**100 €**

Welche Zahl ist (ohne Rest) durch 20 teilbar?

| | |
|---|---|
| A 130 | B 220 |
| C 150 | D 250 |

**200 €**

Welche Zahl ist (ohne Rest) durch 5 teilbar?

| | |
|---|---|
| A 2.344 | B 2.346 |
| C 2.345 | D 2.347 |

**300 €**

Welche Zahl ist durch 3 teilbar? (Denke an die Quersumme!)

| | |
|---|---|
| A 73 | B 72 |
| C 74 | D 71 |

**500 €**

Welche Zahl ist durch 3 teilbar?

| | |
|---|---|
| A 123 | B 124 |
| C 122 | D 199 |

**1.000 €**

Welche Zahl ist durch 3 teilbar?

| | |
|---|---|
| A 442 | B 440 |
| C 445 | D 441 |

**2.000 €**

Die Quersumme von 2.344 ist

| | |
|---|---|
| A 11 | B 12 |
| C 13 | D 10 |

**4.000 €**

Die Quersumme von 10.233 ist

| | |
|---|---|
| A 10 | B 18 |
| C 16 | D 9 |

**8.000 €**

Die Quersumme von 999.144 ist

| | |
|---|---|
| A 31 | B 29 |
| C 36 | D 32 |

**16.000 €**

Das kgV von 12 und 18 ist

| | |
|---|---|
| A 64 | B 49 |
| C 42 | D 36 |

**32.000 €**

Das kgV von 5 und 16 ist

| | |
|---|---|
| A 90 | B 80 |
| C 40 | D 100 |

**64.000 €**

Das kgV von 6 und 40 ist

| | |
|---|---|
| A 120 | B 140 |
| C 100 | D 200 |

**125.000 €**

Der ggT von 12 und 16 ist

| | |
|---|---|
| A 8 | B 4 |
| C 10 | D 16 |

**500.000 €**

Der ggT von 40 und 90 ist

| | |
|---|---|
| A 6 | B 10 |
| C 2 | D 8 |

**1.000.000 €**

Der ggT von 260 und 160 ist

| | |
|---|---|
| A 40 | B 80 |
| C 20 | D 60 |

**KOPFRECHEN CHAMPION**

Name



## Teiler und Vielfache

**50 €**
Welche Zahl ist (ohne Rest) durch 1.000 teilbar?
A 2.500 | B 2.100 | C 2.000 | D 3.500

**100 €**
Welche Zahl ist (ohne Rest) durch 40 teilbar?
A 120 | B 220 | C 150 | D 250

**200 €**
Welche Zahl ist (ohne Rest) durch 50 teilbar?
A 3.460 | B 3.670 | C 3.450 | D 3.890

**300 €**
Welche Zahl ist durch 3 teilbar? (Denke an die Quersumme!)
A 43 | B 40 | C 42 | D 41

**500 €**
Welche Zahl ist durch 3 teilbar?
A 334 | B 335 | C 337 | D 336

**1.000 €**
Welche Zahl ist durch 3 teilbar?
A 710 | B 712 | C 709 | D 711

**2.000 €**
Die Quersumme von 3.513 ist
A 11 | B 12 | C 13 | D 10

**4.000 €**
Die Quersumme von 11.826 ist
A 27 | B 18 | C 16 | D 19

**8.000 €**
Die Quersumme von 1.855.143 ist
A 31 | B 27 | C 36 | D 32

**16.000 €**
Das kgV von 20 und 30 ist
A 100 | B 120 | C 30 | D 60

**32.000 €**
Das kgV von 5 und 18 ist
A 90 | B 80 | C 40 | D 100

**64.000 €**
Das kgV von 6 und 50 ist
A 150 | B 140 | C 100 | D 200

**125.000 €**
Der ggT von 8 und 24 ist
A 8 | B 4 | C 10 | D 16

**500.000 €**
Der ggT von 50 und 95 ist
A 50 | B 10 | C 2 | D 5

**1.000.000 €**
Der ggT von 34 und 8 ist
A 4 | B 8 | C 2 | D 6

# Geometrische Grundlagen: Winkel

**50 €** Winkel misst man in

| | |
|---|---|
| A Celsius | B Grad |
| C Gramm | D Watt |

**100 €** Winkel haben einen

| | |
|---|---|
| A Kopf | B Hebel |
| C Bauch | D Scheitel |

**200 €** Winkel haben

| | |
|---|---|
| A Beine | B Füße |
| C Schenkel | D Knöchel |

**300 €** Welchen Winkel gibt es?

| | |
|---|---|
| A rechter | B ruhiger |
| C schlauer | D dummer |

**500 €** Welchen Winkel gibt es?

| | |
|---|---|
| A krummer | B spitzer |
| C gebogener | D überspitzer |

**1.000 €** Welchen Winkel gibt es?

| | |
|---|---|
| A scharfer | B gelber |
| C stumpfer | D unsinniger |

**2.000 €** Ein rechter Winkel hat

| | |
|---|---|
| A 100 Grad | B 60 Grad |
| C 120 Grad | D 90 Grad |

**4.000 €** Mit welchen Buchstaben bezeichnet man Winkel?

| | |
|---|---|
| A lateinischen | B großen |
| C chinesischen | D griechischen |

**8.000 €** Ein 180 Grad Winkel ist

| | |
|---|---|
| A gedehnt | B gestreckt |
| C gestaucht | D geglättet |

**16.000 €** Ein rechter und ein gestreckter Winkel ergeben addiert

| | |
|---|---|
| A 180 Grad | B 270 Grad |
| C 150 Grad | D 310 Grad |

**32.000 €** Zwei rechte Winkel addiert ergeben

| | |
|---|---|
| A 180 Grad | B 160 Grad |
| C 900 Grad | D 150 Grad |

**64.000 €** Ein 10 Grad Winkel ist

| | |
|---|---|
| A stumpf | B spitz |
| C gestreckt | D überstumpf |

**125.000 €** Ein 200 Grad Winkel ist

| | |
|---|---|
| A stumpf | B überstumpf |
| C spitz | D gestreckt |

**500.000 €** Die Winkelsumme im Dreieck ist immer

| | |
|---|---|
| A 100 Grad | B 90 Grad |
| C 80 Grad | D 180 Grad |

**1.000.000 €** Die Winkelsumme im Viereck ist immer

| | |
|---|---|
| A 360 Grad | B 180 Grad |
| C 420 Grad | D 90 Grad |

KOPFRECHEN CHAMPION

Name



# Geometrische Grundlagen: Fachbegriffe

**50 €** Die kürzeste Verbindung von A nach B heißt

A Kurve | B Linie | C Strecke | D Winkel

**100 €** Keinen Anfangs- und Endpunkt hat eine

A Strecke | B Halbgerade | C Senkrechte | D Gerade

**200 €** Was kann gekrümmt sein?

A Gerade | B Strecke | C Linie | D Halbgerade

**300 €** Mauern stehen auf dem Boden

A waagrecht | B senkrecht | C schief | D diagonal

**500 €** Die Flügel eines Schmetterlings sind

A senkrecht | B diagonal | C horizontal | D symmetrisch

**1.000 €** Eisenbahnschienen laufen zueinander

A parallel | B diagonal | C senkrecht | D schief

**2.000 €** Punkte kann man an einer Achse

A spiegeln | B verspiegeln | C biegen | D kürzen

**4.000 €** Punkte in einem Gitternetz heißen

A Ziffern | B Koordinaten | C Konsonanten | D Konditionen

**8.000 €** Im Gitternetz gibt es eine Rechts- und eine

A Linksachse | B Niederachse | C Querachse | D Hochachse

**16.000 €** Figuren kann man um einen Punkt

A biegen | B stauchen | C krümmen | D drehen

**32.000 €** Welche Figur ist immer symmetrisch?

A Parallelogramm | B Raute | C Dreieck | D Viereck

**64.000 €** Der Rechtswert liegt auf der

A y-Achse | B z-Achse | C x-Achse | D a-Achse

**125.000 €** Die Diagonale in einem Rechteck verbindet die Punkte

A A und B | B A und C | C A und D | D B und C

**500.000 €** In welcher Figur stehen die Diagonalen immer senkrecht aufeinander?

A Rechteck | B Vieleck | C Parallelogramm | D Quadrat

**1.000.000 €** Ist eine Figur drehsymmetrisch kommt es zu einer

A Ikone | B Deckabbildung | C Spiegelung | D Kreuzung

KOPFRECHEN CHAMPION

Name



# Größen: Geld

**50 €**

1 € sind

- A: 10 Ct
- B: 100 Ct
- C: 1.000 Ct
- D: 500 Ct

**100 €**

2,50 € sind

- A: 250 Ct
- B: 2.500 Ct
- C: 25.000 Ct
- D: 25 Ct

**200 €**

349 Ct sind

- A: 34,9 €
- B: 349 €
- C: 3.490 €
- D: 3,49 €

**300 €**

35 € und 17 Ct sind

- A: 35,17 Ct
- B: 3,517 Ct
- C: 3.517 Ct
- D: 351,7 Ct

**500 €**

101 € und 1 Ct sind

- A: 10,01 €
- B: 101,1 €
- C: 101,001 €
- D: 101,01 €

**1.000 €**

Wie viele verschiedene Cent-Münzen gibt es?

- A: 5
- B: 4
- C: 6
- D: 7

**2.000 €**

Was ist auf dem 10 €-Schein abgebildet?

- A: Turm
- B: Torbogen
- C: Stier
- D: Gesicht

**4.000 €**

Was ist der wertvollste Geldschein?

- A: 300 €
- B: 1.000 €
- C: 200 €
- D: 500 €

**8.000 €**

Wie viele 50 Ct-Münzen ergeben 200 € ?

- A: 200
- B: 400
- C: 40
- D: 20

**16.000 €**

Wie viele 20 Ct-Münzen ergeben 50 € ?

- A: 25
- B: 50
- C: 250
- D: 500

**32.000 €**

Addiere 99 Ct zu 1,99 €

- A: 2,99 €
- B: 2,98 €
- C: 3,01 €
- D: 2,89 €

**64.000 €**

Subtrahiere 80 Ct und 70 Ct von 79,80 €

- A: 79,10 €
- B: 76,90 €
- C: 78,80 €
- D: 78,30 €

**125.000 €**

Ziehe 34 Ct, 50 Ct und 40 Ct von 10,20 € ab

- A: 8,92 €
- B: 8,96 €
- C: 9,02 €
- D: 8,97 €

**500.000 €**

8,44 € + 2,60 € + 11,49 € =

- A: 22,53 €
- B: 22,04 €
- C: 23,40 €
- D: 21,99 €

**1.000.000 €**

123,90 € - 23 € - 55,50 € =

- A: 43,90 €
- B: 45,40 €
- C: 46,90 €
- D: 45,60 €

**KOPFRECHEN CHAMPION**

Name



Größen:
Geld

**50 €**

Wie schreibt man die kleine Geldeinheit?

| | |
|---|---|
| A Cent | B Zent |
| C Sent | D Cente |

**100 €**

1,50 € sind

| | |
|---|---|
| A 150 Ct | B 1.500 Ct |
| C 15.000 Ct | D 15 Ct |

**200 €**

500 Ct sind

| | |
|---|---|
| A 50 € | B 5 € |
| C 0,5 € | D 0,05 € |

**300 €**

20 € und 99 Ct sind

| | |
|---|---|
| A 2.099 Ct | B 20,99 Ct |
| C 209,9 Ct | D 2.099,9 Ct |

**500 €**

Der wertvollste Geldschein hat einen Wert von

| | |
|---|---|
| A 500 € | B 200 € |
| C 100 € | D 1.000 € |

**1.000 €**

Wie viele verschiedene Geldscheine gibt es bei uns?

| | |
|---|---|
| A 5 | B 4 |
| C 6 | D 7 |

**2.000 €**

Wie viele 20 Ct-Münzen ergeben 3 € ?

| | |
|---|---|
| A 14 | B 15 |
| C 9 | D 10 |

**4.000 €**

Was ist auf dem 20 €-Schein zu sehen?

| | |
|---|---|
| A Tempel | B Giraffe |
| C Teppich | D Fenster |

**8.000 €**

Wie viele 50 Ct-Münzen ergeben 480 € ?

| | |
|---|---|
| A 940 | B 880 |
| C 1.020 | D 960 |

**16.000 €**

Wie viele 20 Ct-Münzen ergeben 23 € ?

| | |
|---|---|
| A 105 | B 95 |
| C 115 | D 120 |

**32.000 €**

Bei einem Stundenlohn von 23 € verdient man in 8 Stunden

| | |
|---|---|
| A 176 € | B 156 € |
| C 184 € | D 211 € |

**64.000 €**

Subtrahiere 60 Ct und 40 Ct von 102,80 €

| | |
|---|---|
| A 99,80 € | B 101,80 € |
| C 103,60 € | D 102,80 € |

**125.000 €**

Bei einem Stundenlohn von 31,50 € verdient man in 6 Stunden

| | |
|---|---|
| A 179 € | B 201 € |
| C 189 € | D 184 € |

**500.000 €**

84,44 € + 1,60 € + 31,56 € =

| | |
|---|---|
| A 117,60 € | B 116,70 € |
| C 115,40 € | D 113,60 € |

**1.000.000 €**

112,90 € - 18 € - 2,50 € =

| | |
|---|---|
| A 91,60 € | B 93,40 € |
| C 92,40 € | D 90,60 € |

KOPFRECHEN CHAMPION

## Größen: Gewicht

**50 €**

Was ist schwerer: 1 kg Blei, 1 kg Papier oder 1kg Federn?

- A: Blei
- B: gleich schwer
- C: Papier
- D: Federn

**100 €**

1 t =

- A: 100 kg
- B: 1.000 kg
- C: 500 kg
- D: 10.000 kg

**200 €**

2.000 kg =

- A: 20 t
- B: 200 t
- C: 0,2 t
- D: 2 t

**300 €**

4 kg =

- A: 40 g
- B: 400 g
- C: 40.000 g
- D: 4.000 g

**500 €**

0,5 kg =

- A: 50 g
- B: 500 g
- C: 5.000 g
- D: 50.000 g

**1.000 €**

2,1 kg =

- A: 2.100 g
- B: 210 g
- C: 2.010 g
- D: 21.000 g

**2.000 €**

30,1 kg =

- A: 3.100 g
- B: 31.000 g
- C: 30.100 g
- D: 301,1 g

**4.000 €**

Was ist ein Zentner?

- A: 100 kg
- B: 20 kg
- C: 500 kg
- D: 50 kg

**8.000 €**

Was ist ein Doppelzentner?

- A: 100 kg
- B: 50 kg
- C: 200 kg
- D: 1.000 kg

**16.000 €**

Was ist ein Pfund?

- A: 25 g
- B: 50 g
- C: 100 g
- D: 500 g

**32.000 €**

Was ist ein mg (Milligramm)?

- A: 1 g
- B: 0,001 g
- C: 0,1 g
- D: 0,01 g

**64.000 €**

789 mg =

- A: 7,89 g
- B: 78,9 g
- C: 0,789 g
- D: 0,0789 g

**125.000 €**

3 kg + 560 g + 2 g =

- A: 35,62 kg
- B: 3,562 kg
- C: 356,2 kg
- D: 3,0562 kg

**500.000 €**

23 t + 456 kg + 1.000 g =

- A: 23,457 t
- B: 234,57 t
- C: 2,34567 t
- D: 23,4561 t

**1.000.000 €**

456,5 kg - 430 g - 20 g =

- A: 45,605 kg
- B: 456,5 kg
- C: 4,5605 lg
- D: 456,05 kg

KOPFRECHEN CHAMPION

Name



## Größen: Gewicht

**50 €** – Was ist schwerer: 2 kg Eisen, 2 kg Mehl oder 2 kg Styropor?

| | |
|---|---|
| A Mehl | B Eisen |
| C Styropor | D gleich schwer |

**100 €** – 1,5 t =

| | |
|---|---|
| A 150 kg | B 1.500 kg |
| C 15 kg | D 15.000 kg |

**200 €** – 10.000 kg =

| | |
|---|---|
| A 10 t | B 100 t |
| C 1 t | D 1.000 t |

**300 €** – 3,8 kg =

| | |
|---|---|
| A 38 g | B 380 g |
| C 3.800 g | D 38.000 g |

**500 €** – 0,2 kg =

| | |
|---|---|
| A 20 g | B 200 g |
| C 2.000 g | D 20.000 g |

**1.000 €** – 9,1 kg =

| | |
|---|---|
| A 9.100 g | B 910 g |
| C 9.010 g | D 91.000 g |

**2.000 €** – 1 t 200 kg =

| | |
|---|---|
| A 1.200 kg | B 120 kg |
| C 1.200 g | D 1.200 mg |

**4.000 €** – Zwei Doppelzentner =

| | |
|---|---|
| A 100 kg | B 200 kg |
| C 500 kg | D 1.000 kg |

**8.000 €** – Was ist ein halber Zentner?

| | |
|---|---|
| A 25 kg | B 50 kg |
| C 200 kg | D 500 kg |

**16.000 €** – Was ist ein halbes Pfund?

| | |
|---|---|
| A 250 g | B 150 g |
| C 300 g | D 500 g |

**32.000 €** – 0,002 g =

| | |
|---|---|
| A 2 mg | B 0,2 mg |
| C 20 mg | D 200 mg |

**64.000 €** – 254 mg =

| | |
|---|---|
| A 2,54 g | B 25,4 g |
| C 0,254 g | D 0,0254 g |

**125.000 €** – 1 t + 31 kg + 700 g =

| | |
|---|---|
| A 103,17 kg | B 1.038 kg |
| C 1.317 kg | D 1.031,7 kg |

**500.000 €** – 50 t + 986 kg + 4.000 g =

| | |
|---|---|
| A 50.990 kg | B 50.994 kg |
| C 50.990 t | D 50,9864 kg |

**1.000.000 €** – 1.089,5 kg - 330,5 kg - 30 g =

| | |
|---|---|
| A 698,97 kg | B 758,97 kg |
| C 723,97 kg | D 758,097 kg |

KOPFRECHEN CHAMPION

Name



# Größen: Flächeninhalte

### 50 €

Wie groß ist ungefähr ein $cm^2$ ?

- A Fingernagel
- B Tür
- C Poesiealbum
- D Bodenfliese

### 100 €

Eine Tür hat ca.

- A 0,5 $m^2$
- B 10 $m^2$
- C 5 $m^2$
- D 2 $m^2$

### 200 €

Die Fläche von Zimmern gibt man an in

- A $cm^2$
- B $dm^2$
- C $mm^2$
- D $m^2$

### 300 €

1 $cm^2$ =

- A 100 $mm^2$
- B 10 $mm^2$
- C 1.000 $mm^2$
- D 0,1 $mm^2$

### 500 €

Bei Flächenmaßen ist die Umrechnungszahl

- A 1
- B 1.000
- C 100
- D 5

### 1.000 €

1 $dm^2$ =

- A 10 $cm^2$
- B 100 $cm^2$
- C 1.000 $cm^2$
- D 0,1 $cm^2$

### 2.000 €

1 a (Ar) =

- A 100 $m^2$
- B 10 $m^2$
- C 1.000 $m^2$
- D 500 $m^2$

### 4.000 €

2,5 a =

- A 25 $m^2$
- B 2,5 $m^2$
- C 2.500 $m^2$
- D 250 $m^2$

### 8.000 €

1 ha (Hektar) =

- A 10 a
- B 100 a
- C 1.000 a
- D 500 a

### 16.000 €

2 ha =

- A 2.000 $m^2$
- B 200 $m^2$
- C 20 $m^2$
- D 20.000 $m^2$

### 32.000 €

3,50 ha =

- A 3.500 $m^2$
- B 350.000 $m^2$
- C 35.000 $m^2$
- D 30.500 $m^2$

### 64.000 €

25 $mm^2$ =

- A 0,025 $cm^2$
- B 0,25 $cm^2$
- C 2,5 $cm^2$
- D 0,0025 $cm^2$

### 125.000 €

Welche Fläche hat ein Zimmer mit der Länge 5 m und der Breite 3,1 m?

- A 15,3 $m^2$
- B 15,5 $m^2$
- C 13,5 $m^2$
- D 15,05 $m^2$

### 500.000 €

Welche Fläche hat eine Briefmarke mit den Maßen 2,5 cm mal 2,5 cm?

- A 5,25 $cm^2$
- B 6,25 $cm^2$
- C 4,75 $cm^2$
- D 5,0 $cm^2$

### 1.000.000 €

Wie groß ist ca. ein Fußballfeld?

- A 80.000 $m^2$
- B 1.000 $m^2$
- C 2.500 $m^2$
- D 8.250 $m^2$

**KOPFRECHEN CHAMPION**

Name

Blatt 150

## Größen: Flächeninhalte

### 50 €

Welche Fläche hat eine CD ungefähr?

| | |
|---|---|
| A: $1{,}2\ m^2$ | B: $112\ cm^2$ |
| C: $12\ cm^2$ | D: $1.2\ cm^2$ |

### 100 €

Ein Din A4-Blatt hat ca.

| | |
|---|---|
| A: $624\ cm^2$ | B: $6\ cm^2$ |
| C: $6\ m^2$ | D: $120\ cm^2$ |

### 200 €

Welche Fläche hat ein Fußballfeld grob geschätzt?

| | |
|---|---|
| A: 1 ha | B: 1 a |
| C: $1\ km^2$ | D: $1\ m^2$ |

### 300 €

$3\ cm^2 =$

| | |
|---|---|
| A: $300\ mm^2$ | B: $30\ mm^2$ |
| C: $3.000\ mm^2$ | D: $0{,}3\ mm^2$ |

### 500 €

Eine quadratische Fliese mit der Kantenlänge von 30 cm hat eine Fläche von

| | |
|---|---|
| A: $90\ cm^2$ | B: $900\ cm^2$ |
| C: $9.000\ cm^2$ | D: $9\ m^2$ |

### 1.000 €

$2\ dm^2 =$

| | |
|---|---|
| A: $20\ cm^2$ | B: $200\ cm^2$ |
| C: $2.000\ cm^2$ | D: $0{,}2\ cm^2$ |

### 2.000 €

10 a (Ar) =

| | |
|---|---|
| A: $100\ m^2$ | B: $1.000\ m^2$ |
| C: $10\ m^2$ | D: $500\ m^2$ |

### 4.000 €

Eine quadratische Fliese mit der Kantenlänge von 25 cm hat eine Fläche von

| | |
|---|---|
| A: $62{,}5\ m^2$ | B: $625\ cm^2$ |
| C: $6.250\ cm^2$ | D: $550\ cm^2$ |

### 8.000 €

3 ha (Hektar) =

| | |
|---|---|
| A: 30 a | B: 300 a |
| C: 3.000 a | D: 0,3 a |

### 16.000 €

4,5 ha =

| | |
|---|---|
| A: $4{,}5\ m^2$ | B: $45.000\ m^2$ |
| C: $45\ m^2$ | D: $450\ m^2$ |

### 32.000 €

$1{,}2\ m^2 =$

| | |
|---|---|
| A: $120\ dm^2$ | B: $120\ m^2$ |
| C: $1{,}2\ dm^2$ | D: $120\ cm^2$ |

### 64.000 €

$1{,}3\ m^2 =$

| | |
|---|---|
| A: $130\ cm^2$ | B: $13.000\ cm^2$ |
| C: $13\ cm^2$ | D: $1.300\ cm^2$ |

### 125.000 €

Welche Fläche hat ein Zimmer mit der Länge 4 m und der Breite 3,3 m?

| | |
|---|---|
| A: $13{,}2\ m^2$ | B: $15{,}5\ m^2$ |
| C: $13{,}5\ m^2$ | D: $15{,}05\ m^2$ |

### 500.000 €

Welche Kantenlänge hat ein quadratisches Papier mit dem Flächeninhalt $144\ cm^2$?

| | |
|---|---|
| A: 5 cm | B: 6 cm |
| C: 14 cm | D: 12 cm |

### 1.000.000 €

Welche Kantenlänge hat ein quadratisches Papier mit dem Flächeninhalt $72{,}25\ cm^2$?

| | |
|---|---|
| A: 8,5 cm | B: 6,5 cm |
| C: 2,5 cm | D: 12,5 cm |

**KOPFRECHEN CHAMPION**



## Größen: Rauminhalte

**50 €**

Wie viel Volumen hat ein kleiner Spielwürfel ca.?

A $1\ cm^3$ | B $1\ m^3$ | C $100\ cm^3$ | D $1\ dm^3$

**100 €**

Wie viel Volumen hat ein Würfel mit der Kantenlänge 2 cm?

A $4\ cm^3$ | B $8\ cm^3$ | C $2\ cm^3$ | D $5\ cm^3$

**200 €**

Welches Volumen hat ein Würfel mit der Kantenlänge 4 cm?

A $16\ cm^3$ | B $64\ cm^3$ | C $34\ cm^3$ | D $84\ cm^3$

**300 €**

$1\ cm^3 =$

A $100\ mm^3$ | B $10\ mm^3$ | C $10.000\ mm^3$ | D $1.000\ mm^3$

**500 €**

$1{,}2\ cm^3 =$

A $112\ mm^3$ | B $1.200\ mm^3$ | C $120\ mm^3$ | D $1{,}02\ mm^3$

**1.000 €**

Die Umrechnungszahl bei Raummaßen ist

A 10 | B 1.000 | C 100 | D 1

**2.000 €**

$1\ m^3 =$

A $1.000.000\ cm^3$ | B $100.000\ cm^3$ | C $10.000\ cm^3$ | D $1.000\ cm^3$

**4.000 €**

$2\ dm^3 =$

A $2.000\ cm^3$ | B $20\ cm^3$ | C $200\ cm^3$ | D $20.000\ cm^3$

**8.000 €**

$3{,}8\ dm^3 =$

A $380\ cm^3$ | B $3.800\ cm^3$ | C $38\ cm^3$ | D $0{,}38\ cm^3$

**16.000 €**

$0{,}112\ m^3 =$

A $11{,}2\ dm^3$ | B $1.120\ dm^3$ | C $112\ dm^3$ | D $1{,}12\ dm^3$

**32.000 €**

$3{,}03\ dm^3 =$

A $3.030\ cm^3$ | B $30{,}30\ cm^3$ | C $3{,}030\ cm^3$ | D $303\ cm^3$

**64.000 €**

$740.000\ cm^3 =$

A $740\ m^3$ | B $74\ m^3$ | C $7{,}4\ m^3$ | D $0{,}74\ m^3$

**125.000 €**

Eine Kammer ist 2 m lang, 2 m breit und 2,5 m hoch . Das Volumen ist

A $13\ m^3$ | B $15\ m^3$ | C $12\ m^3$ | D $10\ m^3$

**500.000 €**

Ein Zimmer ist 4 m lang, 3 m breit und 2,5 m hoch. Das Volumen ist

A $30\ m^3$ | B $60\ m^3$ | C $28{,}5\ m^3$ | D $40\ m^3$

**1.000.000 €**

Ein Zimmer ist 4,5 m lang 2,5 m breit und 2,5 m hoch. Das Volumen ist

A $25{,}125\ m^3$ | B $28{,}125\ m^3$ | C $26{,}225\ m^3$ | D $32{,}225\ m^3$

KOPFRECHEN CHAMPION

Name Blatt 152

## Größen: Rauminhalte

**50 €**

Ein anderes Wort für Volumen ist

A Länge B Rauminhalt
C Querschnitt D Fläche

**100 €**

Wie viel Volumen hat ein Würfel mit der Kantenlänge 1 cm?

A 10 $cm^3$ B 1 $cm^3$
C 2 $cm^3$ D 5 $cm^3$

**200 €**

Welches Volumen hat ein Würfel mit der Kantenlänge 3 cm?

A 27 $cm^3$ B 9 $cm^3$
C 16 $cm^3$ D 81 $cm^3$

**300 €**

2 $cm^3$ =

A 200 $mm^3$ B 20 $mm^3$
C 20.000 $mm^3$ D 2.000 $mm^3$

**500 €**

3,8 $cm^3$ =

A 38 $mm^3$ B 380 $mm^3$
C 0,38 $mm^3$ D 3.800 $mm^3$

**1.000 €**

Die Volumenformel für den Quader ist

A a + b + c B a + a + a
C a • b • c D a • a • a

**2.000 €**

2 $m^3$ =

A 2.000.000 $cm^3$ B 200.000 $cm^3$
C 20.000 $cm^3$ D 2.000 $cm^3$

**4.000 €**

5 $dm^3$ =

A 500 $cm^3$ B 50 $cm^3$
C 5.000 $cm^3$ D 50.000 $cm^3$

**8.000 €**

9,9 $dm^3$ =

A 990 $cm^3$ B 9.900 $cm^3$
C 99 $cm^3$ D 0,99 $cm^3$

**16.000 €**

0,222 $m^3$ =

A 222 $dm^3$ B 2.220 $dm^3$
C 2,22 $dm^3$ D 2,202 $dm^3$

**32.000 €**

4,05 $dm^3$ =

A 4.050 $cm^3$ B 40,50 $cm^3$
C 4,005 $cm^3$ D 405 $cm^3$

**64.000 €**

970.000 $cm^3$ =

A 970 $m^3$ B 0,97 $m^3$
C 9,7 $m^3$ D 97 $m^3$

**125.000 €**

Eine Kammer ist 2 m lang, 1 m breit und 2,5 m hoch . Das Volumen ist

A 5 $m^3$ B 15 $m^3$
C 12 $m^3$ D 2,5 $m^3$

**500.000 €**

Ein Zimmer ist 4 m lang, 3,2 m breit und 3 m hoch. Das Volumen ist

A 31,6 $m^3$ B 42,80 $m^3$
C 38,5 $m^3$ D 38,4 $m^3$

**1.000.000 €**

Ein Zimmer ist 6,5 m lang 3,5 m breit und 2,5 m hoch. Das Volumen ist

A 55,125 $m^3$ B 56,875 $m^3$
C 56,225 $m^3$ D 52,225 $m^3$

**KOPFRECHEN CHAMPION**

# Größen: Zeitspannen

**50 €** – Wie viele Tage hat ein Jahr?

| | |
|---|---|
| A 364 | B 370 |
| C 365 | D 267 |

**100 €** – Wie viele Tage hat ein Schaltjahr?

| | |
|---|---|
| A 367 | B 366 |
| C 367 | D 368 |

**200 €** – Die Abkürzung für Tag ist

| | |
|---|---|
| A t | B d |
| C de | D ta |

**300 €** – Wie viele Minuten hat eine Stunde?

| | |
|---|---|
| A 100 | B 60 |
| C 20 | D 30 |

**500 €** – Wie viele Stunden hat ein Tag?

| | |
|---|---|
| A 36 | B 18 |
| C 12 | D 24 |

**1.000 €** – Wie viele Monate hat ein Jahr?

| | |
|---|---|
| A 12 | B 24 |
| C 36 | D 10 |

**2.000 €** – Wie viele Wochen hat ein Jahr?

| | |
|---|---|
| A 46 | B 52 |
| C 58 | D 36 |

**4.000 €** – 2 min =

| | |
|---|---|
| A 60 s | B 180 s |
| C 120 s | D 240 s |

**8.000 €** – 3,5 min =

| | |
|---|---|
| A 180 s | B 290 s |
| C 330 s | D 210 s |

**16.000 €** – Wieviele Monate hat $\frac{1}{3}$ Jahr?

| | |
|---|---|
| A 3 | B 4 |
| C 2 | D 5 |

**32.000 €** – 900 s =

| | |
|---|---|
| A 15 min | B 10 min |
| C 9 min | D 18 min |

**64.000 €** – Wie viele Sekunden hat eine Stunde?

| | |
|---|---|
| A 4.000 | B 3.200 |
| C 6.600 | D 3.600 |

**125.000 €** – Wie viele Sekunden hat ein Tag?

| | |
|---|---|
| A 86.400 | B 24.000 |
| C 12.000 | D 99.000 |

**500.000 €** – Wie viele Minuten sind es von 7.15 bis 9.20 Uhr?

| | |
|---|---|
| A 90 | B 125 |
| C 112 | D 130 |

**1.000.000 €** – Wie viele Minuten sind es von 5.56 bis 11.10 Uhr?

| | |
|---|---|
| A 245 | B 366 |
| C 314 | D 404 |

**KOPFRECHEN CHAMPION**

Name



## Größen: Zeitspannen

**50 €** Wie viele Minuten sind es von 12.15 bis 12.20 Uhr?

| | |
|---|---|
| A 4 | B 5 |
| C 10 | D 60 |

**100 €** Wie viele Tage hat eine Woche?

| | |
|---|---|
| A 7 | B 6 |
| C 5 | D 10 |

**200 €** Die Abkürzung für Stunde ist

| | |
|---|---|
| A t | B h |
| C s | D stu |

**300 €** Wie lange dauert ein Spielfilm ca.?

| | |
|---|---|
| A 45 min | B 30 min |
| C 200 min | D 90 min |

**500 €** Wie viele Stunden haben zwei Tage?

| | |
|---|---|
| A 36 | B 46 |
| C 52 | D 48 |

**1.000 €** Wie viele Monate hat ein Schaltjahr?

| | |
|---|---|
| A 12 | B 24 |
| C 36 | D 10 |

**2.000 €** 5 min =

| | |
|---|---|
| A 460 s | B 200 s |
| C 500 s | D 300 s |

**4.000 €** 30 min =

| | |
|---|---|
| A 6.000 s | B 1.800 s |
| C 1.200 s | D 2.400 s |

**8.000 €** 2,5 min =

| | |
|---|---|
| A 90 s | B 150 s |
| C 120 s | D 110 s |

**16.000 €** Wie alt wurde Rembrandt? 1606-1669

| | |
|---|---|
| A 62 | B 63 |
| C 61 | D 53 |

**32.000 €** Wie alt wurde Vincent van Gogh? 1853-1890

| | |
|---|---|
| A 47 | B 36 |
| C 57 | D 37 |

**64.000 €** Wie alt wurde Elvis Presley? 1935-1977

| | |
|---|---|
| A 42 | B 32 |
| C 52 | D 43 |

**125.000 €** Wie viele Minuten sind es von 5.20 bis 10.30 Uhr?

| | |
|---|---|
| A 310 | B 240 |
| C 330 | D 440 |

**500.000 €** Wie viele Minuten sind es von 11.26 bis 15.30 Uhr?

| | |
|---|---|
| A 211 | B 233 |
| C 244 | D 255 |

**1.000.000 €** Wie viele Minuten sind es von 0.56 bis 6.13 Uhr?

| | |
|---|---|
| A 345 | B 317 |
| C 314 | D 319 |

KOPFRECHEN CHAMPION

Name



# Größen: Längen

**50 €**

Wie lang ist ein Zündholz ca.?

| | |
|---|---|
| A 2 cm | B 5 cm |
| C 10 cm | D 15 cm |

**100 €**

Wie viele km lang ist ein Marathonlauf ca.?

| | |
|---|---|
| A 5 | B 42 |
| C 30 | D 100 |

**200 €**

Wie hoch ist ein Zimmer für gewöhnlich?

| | |
|---|---|
| A 2,5 m | B 2 m |
| C 4 m | D 6,5 m |

**300 €**

Wie breit darf ein Auto sein?

| | |
|---|---|
| A 1,50 m | B 5 m |
| C 2,50 m | D 10 m |

**500 €**

Wie lang ist die chinesische Mauer ca.?

| | |
|---|---|
| A 50 m | B 6.000 km |
| C 1 km | D 500 m |

**1.000 €**

Wie lang ist der Äquator ca.?

| | |
|---|---|
| A 40.000 km | B 2.400 km |
| C 190.000 km | D 999 km |

**2.000 €**

2 m =

| | |
|---|---|
| A 200 cm | B 100 cm |
| C 2.000 cm | D 400 cm |

**4.000 €**

$\frac{3}{4}$ m =

| | |
|---|---|
| A 70 cm | B 77,5 cm |
| C 80 cm | D 75 cm |

**8.000 €**

2,5 dm =

| | |
|---|---|
| A 250 cm | B 25 m |
| C 0,25 cm | D 25 cm |

**16.000 €**

Wie viele Millimeter hat ein Meter?

| | |
|---|---|
| A 100 | B 1.000 |
| C 10 | D 10.000 |

**32.000 €**

999 m =

| | |
|---|---|
| A 0,099 km | B 0,999 km |
| C 99 km | D 9,99 km |

**64.000 €**

1.000.000 m =

| | |
|---|---|
| A 100 km | B 10 km |
| C 1.000 km | D 10.000 km |

**125.000 €**

Wie weit rollt ein Rad mit einem Umfang von 2,5 m bei 15 Umdrehungen?

| | |
|---|---|
| A 31 m | B 37,5 m |
| C 45 m | D 51,5 m |

**500.000 €**

5,5 m + 7,2 dm + 13 cm =

| | |
|---|---|
| A 63,5 dm | B 63,5 m |
| C 63,5 cm | D 63,5 mm |

**1.000.000 €**

Wie weit rollt ein Rad mit einem Umfang von 2,8 m bei 21 Umdrehngen?

| | |
|---|---|
| A 49,9 m | B 66,8 m |
| C 58,8 m | D 71,8 m |

**KOPFRECHEN CHAMPION**

Name



## Größen: Längen

### 50 €

Welchen Durchmesser hat eine CD?

| | |
|---|---|
| A 20 cm | B 5 cm |
| C 8 cm | D 12 cm |

### 100 €

Wie lang ist ein Meterstab (Zollstock) für gewöhnlich?

| | |
|---|---|
| A 5 m | B 1 m |
| C 2 m | D 10 m |

### 200 €

Wie hoch ist der höchste Berg der Welt?

| | |
|---|---|
| A 16.250 m | B 8.848 m |
| C 2.345 m | D 4.400 m |

### 300 €

Wie hoch ist die Zugspitze?

| | |
|---|---|
| A ca. 300 m | B ca. 3 km |
| C ca. 30 m | D ca. 30 km |

### 500 €

Wie tief ist der Bodensee?

| | |
|---|---|
| A 2,5 m | B 254 m |
| C 2.500 km | D 25 dm |

### 1.000 €

Eine olympische Sprintstrecke ist

| | |
|---|---|
| A 125 m | B 90 m |
| C 220 m | D 100 m |

### 2.000 €

Eine Stadionrunde beträgt

| | |
|---|---|
| A 500 m | B 100 m |
| C 1.000 m | D 400 m |

### 4.000 €

0,3 m =

| | |
|---|---|
| A 300 cm | B 3 cm |
| C 33 cm | D 30 cm |

### 8.000 €

7,4 dm =

| | |
|---|---|
| A 740 cm | B 74 cm |
| C 0,74 cm | D 7,44 cm |

### 16.000 €

Wie viele Millimeter haben 3 Meter?

| | |
|---|---|
| A 300 | B 3.000 |
| C 30 | D 30.000 |

### 32.000 €

777 m =

| | |
|---|---|
| A 0,077 km | B 7,77 km |
| C 77 km | D 0,777 km |

### 64.000 €

10.000.000 m =

| | |
|---|---|
| A 100 km | B 10 km |
| C 10.000 km | D 1.000 km |

### 125.000 €

Wie weit rollt ein Rad mit einem Umfang von 3 m bei 21 Umdrehungen?

| | |
|---|---|
| A 59 m | B 62,5 m |
| C 63 m | D 64,5 m |

### 500.000 €

10,5 m + 9,3 dm + 21 cm =

| | |
|---|---|
| A 12,3 dm | B 11,64 m |
| C 11,22 cm | D 13,34 m |

### 1.000.000 €

Wie weit rollt ein Rad mit einem Umfang von 3,2 m bei 88 Umdrehungen?

| | |
|---|---|
| A 199,6 m | B 266,6 m |
| C 281,6 m | D 291,6 m |

# Größen: Hohlmaße

**50 €**

1 Liter Wasser wiegt

A 10 kg | B 100 g | C 1 kg | D 1 g

**100 €**

Die Abkürzung für Liter ist

A l | B Li | C Lit | D li

**200 €**

Ein Hektoliter =

A 10 l | B 100 l | C 1.000 l | D 500 l

**300 €**

Die Abkürzung für Hektoliter ist

A hec | B hek | C hl | D jeö

**500 €**

1 l =

A 10 ml | B 1.000 ml | C 100 ml | D 500 ml

**1.000 €**

1 hl 5 l =

A 10,5 l | B 105 l | C 1.005 l | D 1,5 l

**2.000 €**

1 $m^3$ =

A 100 l | B 1.000 l | C 10 l | D 500 l

**4.000 €**

3 Maß Bier sind

A 3 l | B 30 l | C 300 l | D 0,3 l

**8.000 €**

Ein Trinkglas fasst ca.

A 200 ml | B 900 ml | C 50 ml | D 1,2 l

**16.000 €**

14 hl 2 l =

A 140,2 l | B 1,42 l | C 1.402 l | D 1.420 l

**32.000 €**

20 Liter sollen in 0,25 l-Flaschen abgefüllt werden. Wie viele Flaschen werden es?

A 80 | B 60 | C 90 | D 120

**64.000 €**

Wie groß ist der Inhalt einer Getränkedose?

A 0,33 l | B 3,3 l | C 0,03 l | D 33 l

**125.000 €**

36 Liter sollen in 0,25 l-Flaschen abgefüllt werden. Wie viele Flaschen werden es?

A 166 | B 134 | C 122 | D 144

**500.000 €**

12 Liter sollen in Getränkedosen abgefüllt werden. Wie viele Dosen werden es?

A 36 | B 63 | C 24 | D 32

**1.000.000 €**

5,3 hl sollen in Getränkedosen abgefüllt werden. Wie viele Dosen werden es?

A 149 | B 1.590 | C 1.380 | D 15.590

KOPFRECHEN CHAMPION

Name

Blatt 158

# Größen: gemischt

**50 €**

2,5 € =

| | |
|---|---|
| A 25 Ct | B 2.500 Ct |
| C 20,5 Ct | D 250 Ct |

**100 €**

3,5 t =

| | |
|---|---|
| A 350 kg | B 3.500 kg |
| C 35 kg | D 35.000 kg |

**200 €**

2 $cm^2$ =

| | |
|---|---|
| A 2.000 $mm^2$ | B 20 $mm^2$ |
| C 20.000 $mm^2$ | D 200 $mm^2$ |

**300 €**

28 € und 10 Ct sind

| | |
|---|---|
| A 281 Ct | B 21.800 Ct |
| C 28,1 Ct | D 2.810 Ct |

**500 €**

Die Umrechnungszahl bei Raummaßen ist

| | |
|---|---|
| A 1.000 | B 10 |
| C 100 | D 10.000 |

**1.000 €**

3 $m^3$ =

| | |
|---|---|
| A 300 l | B 30 l |
| C 30.000 l | D 3.000 l |

**2.000 €**

2,5 d =

| | |
|---|---|
| A 58 h | B 60 h |
| C 64 h | D 72 h |

**4.000 €**

2.851 m =

| | |
|---|---|
| A 2,851 km | B 28,51 km |
| C 285,1 km | D 0,2851 km |

**8.000 €**

Wie viele 50 Ct-Münzen ergeben 150 €?

| | |
|---|---|
| A 200 | B 300 |
| C 400 | D 600 |

**16.000 €**

4,2 hl + 28 l =

| | |
|---|---|
| A 44,8 l | B 448 l |
| C 448,2 l | D 446,28 l |

**32.000 €**

1.200 s =

| | |
|---|---|
| A 20 min | B 6 min |
| C 12 min | D 18 min |

**64.000 €**

Subtrahiere 70 Ct und 50 Ct von 29,80 €

| | |
|---|---|
| A 28,10 € | B 28,60 € |
| C 28,80 € | D 28,30 € |

**125.000 €**

111 Liter sollen in 0,25 l-Flaschen abgefüllt werden. Wie viele Flaschen werden es?

| | |
|---|---|
| A 222 | B 333 |
| C 444 | D 666 |

**500.000 €**

Welche Fläche hat eine Briefmarke mit den Maßen 2,2 cm mal 2,2 cm?

| | |
|---|---|
| A 4,84 $cm^2$ | B 5,25 $cm^2$ |
| C 4,4 $cm^2$ | D 4,2 $cm^2$ |

**1.000.000 €**

Ein Zimmer ist 2,5 m lang, 2,5 m breit und 2,5 m hoch. Das Volumen ist

| | |
|---|---|
| A 16,525 $m^3$ | B 14,825 $m^3$ |
| C 12,625 $m^3$ | D 15,625 $m^3$ |

KOPFRECHEN CHAMPION

Name



Größen: gemischt

**50 €** — 2 Liter Wasser wiegen

| | |
|---|---|
| A 20 kg | B 2 kg |
| C 1 kg | D 1,5 kg |

**100 €** — 0,5 t =

| | |
|---|---|
| A 50 kg | B 500 kg |
| C 5 kg | D 5.000 kg |

**200 €** — Wie viele Stunden hat ein halber Tag?

| | |
|---|---|
| A 12 | B 6 |
| C 10 | D 24 |

**300 €** — 13 € und 13 Ct sind

| | |
|---|---|
| A 13,13 Ct | B 13.130 Ct |
| C 13.103 Ct | D 1.313 Ct |

**500 €** — 1 a =

| | |
|---|---|
| A 100 $m^2$ | B 10 $m^2$ |
| C 1.000 $m^2$ | D 10.000 $m^2$ |

**1.000 €** — Wie viele 0,33 l-Getränkedosen ergeben 1 Liter?

| | |
|---|---|
| A 3 | B 2 |
| C 1,5 | D 4 |

**2.000 €** — 10 d =

| | |
|---|---|
| A 100 h | B 1.000 h |
| C 240 h | D 120 h |

**4.000 €** — 10.000 m =

| | |
|---|---|
| A 1 km | B 100 km |
| C 1.000 km | D 10 km |

**8.000 €** — Wie viele 50 Ct-Münzen ergeben 320 €?

| | |
|---|---|
| A 320 | B 340 |
| C 400 | D 640 |

**16.000 €** — 6,2 hl + 112 l =

| | |
|---|---|
| A 634 l | B 730 l |
| C 732 l | D 73,20 l |

**32.000 €** — 2.100 s =

| | |
|---|---|
| A 35 min | B 29 min |
| C 12 min | D 18 min |

**64.000 €** — Addiere 65 Ct und 44 Ct zu 30,85 €

| | |
|---|---|
| A 38,94 € | B 39,94 € |
| C 41,94 € | D 31,94 € |

**125.000 €** — 2,5 hl sollen in 0,25 l-Flaschen abgefüllt werden. Wie viele Flaschen werden es?

| | |
|---|---|
| A 500 | B 1.000 |
| C 750 | D 1.500 |

**500.000 €** — Welche Fläche hat ein Papier mit den Maßen 10 cm mal 3,5 dm?

| | |
|---|---|
| A 3,5 $dm^2$ | B 35 $cm^2$ |
| C 35 $dm^2$ | D 350 $dm^2$ |

**1.000.000 €** — Ein Zimmer ist 9,5 m lang, 5,5 m breit und 2,5 m hoch. Das Volumen ist

| | |
|---|---|
| A 130,625 $m^3$ | B 90,625 $m^3$ |
| C 75,625 $m^3$ | D 160,625 $m^3$ |

**KOPFRECHEN CHAMPION**

Name

Blatt 160

## Größen: gemischt

### 50 €

Was ist keine Einheit für Zeit?

| | |
|---|---|
| A min | B s |
| C h | D hl |

### 100 €

365 d =

| | |
|---|---|
| A 1 Jahr | B 1 Woche |
| C 1 Schaltjahr | D 1 Monat |

### 200 €

Wie groß ist ein Mann im Durchschnitt?

| | |
|---|---|
| A 1,60 m | B 1,90 m |
| C 1,78 m | D 2,0 m |

### 300 €

9 € und 9 Ct sind

| | |
|---|---|
| A 9,9 Ct | B 90,9 Ct |
| C 9.090 Ct | D 909 Ct |

### 500 €

70 min =

| | |
|---|---|
| A 1 h 10 min | B 1 h 20 min |
| C 1 h 15 min | D 1 h 5 min |

### 1.000 €

Wie viele 0,33 l-Getränkedosen ergeben 7 Liter?

| | |
|---|---|
| A 14 | B 23 |
| C 21 | D 27 |

### 2.000 €

Wie alt wurde Mutter Theresa? 1910-1997

| | |
|---|---|
| A 77 | B 88 |
| C 87 | D 97 |

### 4.000 €

Wie alt wurde Goethe? 1749-1832

| | |
|---|---|
| A 73 | B 83 |
| C 93 | D 82 |

### 8.000 €

Wie alt wurde Picasso? 1881-1973

| | |
|---|---|
| A 91 | B 93 |
| C 82 | D 92 |

### 16.000 €

2,1 hl + 9 l =

| | |
|---|---|
| A 219 l | B 1.891 l |
| C 300 l | D 299 l |

### 32.000 €

6.000 min =

| | |
|---|---|
| A 600 h | B 60 h |
| C 1.000 h | D 100 h |

### 64.000 €

Addiere 99 Ct und 80 Ct zu 100,10 €

| | |
|---|---|
| A 100,89 € | B 101,89 € |
| C 99,89 € | D 102,89 € |

### 125.000 €

12 hl sollen in 0,25 l-Flaschen abgefüllt werden. Wie viele Flaschen werden es?

| | |
|---|---|
| A 6.000 | B 4.800 |
| C 1.200 | D 480 |

### 500.000 €

Welche Fläche hat ein Papier mit den Maßen 8 cm mal 2,5 dm?

| | |
|---|---|
| A 2,5 $dm^2$ | B 17 $cm^2$ |
| C 2 $dm^2$ | D 20 $dm^2$ |

### 1.000.000 €

Ein Zimmer ist 10,5 m lang, 7 m breit und 2,5 m hoch. Das Volumen ist

| | |
|---|---|
| A 138,625 $m^3$ | B 211,625 $m^3$ |
| C 198,625 $m^3$ | D 183,75 $m^3$ |

# LÖSUNGEN



| Euro \ Blatt | 1 | 2 | 3 | 4 | 5 | 6 | 7 | 8 | 9 | 10 | 11 | 12 | 13 | 14 | 15 | 16 | 17 | 18 | 19 | 20 |
|---|---|---|---|---|---|---|---|---|---|---|---|---|---|---|---|---|---|---|---|---|
| 50 | C | D | C | B | C | B | B | C | B | D | B | C | A | B | D | B | B | C | D | A |
| 100 | B | A | D | D | D | D | C | C | C | D | D | A | B | B | B | B | A | A | A | A |
| 200 | D | C | A | C | A | C | D | B | D | D | C | C | C | D | A | C | B | A | C | B |
| 300 | B | A | C | A | D | C | D | A | B | C | C | D | B | C | A | A | D | D | B | D |
| 500 | B | D | D | D | A | A | D | D | D | D | B | D | C | C | B | D | D | B | B | C |
| 1.000 | C | C | A | C | C | D | B | C | A | B | B | A | A | B | B | B | C | D | B | C |
| 2.000 | A | A | B | C | B | B | B | D | D | A | B | B | D | A | B | C | B | B | D | D |
| 4.000 | D | B | C | D | D | A | B | A | C | C | A | B | D | D | A | A | A | A | C | A |
| 8.000 | C | B | D | D | C | B | B | A | A | B | B | B | B | C | C | D | D | A | A | A |
| 16.000 | B | D | A | A | A | B | A | A | B | B | D | B | C | B | B | D | A | B | D | A |
| 32.000 | B | B | B | C | B | B | C | B | B | D | B | A | A | A | C | C | C | A | C | A |
| 64.000 | B | D | C | B | D | B | D | D | C | B | B | D | B | A | D | B | D | D | D | C |
| 125.000 | D | A | D | A | A | A | A | D | D | D | C | D | D | D | D | D | D | C | B | B |
| 500.000 | A | D | B | D | D | B | D | D | B | A | A | A | D | B | C | A | C | C | C | B |
| 1.000.000 | D | C | C | C | B | D | D | A | C | D | D | B | C | C | C | C | C | B | A | A |

| Euro \ Blatt | 21 | 22 | 23 | 24 | 25 | 26 | 27 | 28 | 29 | 30 | 31 | 32 | 33 | 34 | 35 | 36 | 37 | 38 | 39 | 40 |
|---|---|---|---|---|---|---|---|---|---|---|---|---|---|---|---|---|---|---|---|---|
| 50 | B | A | B | C | B | A | B | D | A | C | B | C | B | B | C | B | D | D | D | A |
| 100 | A | A | B | B | B | B | B | B | B | B | A | B | B | C | B | A | D | B | A | B |
| 200 | D | B | B | D | A | D | A | D | B | A | B | D | D | D | D | D | B | B | B | D |
| 300 | B | D | C | B | A | D | D | A | A | B | D | A | B | B | A | B | B | D | D | A |
| 500 | B | B | B | D | C | B | A | A | A | D | D | D | A | B | A | C | C | A | C | A |
| 1.000 | B | D | A | D | D | B | A | A | A | A | A | D | C | C | B | B | A | B | B | C |
| 2.000 | D | B | D | D | B | B | D | A | D | C | B | B | D | A | A | B | C | B | B | C |
| 4.000 | C | C | C | A | B | A | D | B | D | A | A | D | D | D | D | D | D | A | B | D |
| 8.000 | C | A | C | B | D | A | A | B | C | C | A | A | C | C | A | B | B | B | C | C |
| 16.000 | B | D | D | D | D | D | B | D | C | C | D | C | C | C | A | A | B | B | A | B |
| 32.000 | B | B | B | A | D | B | B | B | B | D | B | D | A | B | A | D | B | A | B | A |
| 64.000 | A | B | B | A | C | D | B | A | B | A | A | D | D | A | B | D | A | B | A | A |
| 125.000 | B | B | C | C | C | B | B | D | D | C | B | B | D | B | D | A | B | A | B | B |
| 500.000 | A | C | A | A | B | B | A | A | B | A | A | B | C | D | D | D | D | D | A | B |
| 1.000.000 | D | A | A | B | B | A | A | B | A | A | C | A | B | C | A | B | A | C | B | C |

| Euro \ Blatt | 41 | 42 | 43 | 44 | 45 | 46 | 47 | 48 | 49 | 50 | 51 | 52 | 53 | 54 | 55 | 56 | 57 | 58 | 59 | 60 |
|---|---|---|---|---|---|---|---|---|---|---|---|---|---|---|---|---|---|---|---|---|
| 50 | B | C | C | A | C | D | B | C | B | A | B | B | C | A | A | B | C | D | B | C |
| 100 | B | B | D | B | A | B | B | B | B | C | C | A | A | A | B | D | C | B | B | A |
| 200 | A | B | A | C | B | C | A | B | A | D | B | A | B | D | D | C | A | C | A | C |
| 300 | C | D | B | B | D | D | C | C | D | B | B | C | C | C | D | C | C | B | D | D |
| 500 | D | A | A | D | D | A | D | A | A | A | A | A | D | C | D | B | A | D | C | B |
| 1.000 | A | B | B | D | B | D | B | D | D | D | B | D | A | D | A | A | B | C | A | C |
| 2.000 | B | B | A | D | B | B | A | A | D | A | A | D | D | D | D | A | D | B | D | C |
| 4.000 | D | D | B | B | A | D | B | D | D | A | C | A | B | C | D | A | D | A | A | C |
| 8.000 | B | A | A | D | D | B | D | D | D | B | B | B | B | B | A | C | D | D | B | A |
| 16.000 | B | B | D | B | B | C | D | D | A | B | D | D | B | A | C | D | A | C | C | D |
| 32.000 | D | D | B | B | B | A | A | B | B | B | C | B | C | D | D | D | A | C | A | C |
| 64.000 | D | B | B | A | D | D | C | D | A | B | D | C | A | A | A | B | B | D | B | B |
| 125.000 | A | B | C | B | D | A | A | B | A | B | B | A | A | B | B | B | D | A | C | A |
| 500.000 | B | B | A | A | A | C | D | D | B | B | A | A | D | D | B | A | C | A | A | C |
| 1.000.000 | C | A | A | B | A | B | B | C | D | A | A | B | D | C | D | D | A | B | D | B |

# LÖSUNGEN



| Euro \ Blatt | 61 | 62 | 63 | 64 | 65 | 66 | 67 | 68 | 69 | 70 | 71 | 72 | 73 | 74 | 75 | 76 | 77 | 78 | 79 | 80 |
|---|---|---|---|---|---|---|---|---|---|---|---|---|---|---|---|---|---|---|---|---|
| 50 | A | D | A | C | A | D | C | A | C | B | D | A | D | D | D | A | C | A | A | B |
| 100 | A | A | A | C | A | B | A | B | C | A | C | D | D | A | C | D | C | B | D | A |
| 200 | D | C | B | A | D | C | A | C | A | C | A | C | C | C | C | B | A | A | C | A |
| 300 | B | A | C | B | A | A | C | A | D | D | D | C | C | B | B | A | B | B | D | C |
| 500 | B | D | B | D | C | A | B | C | B | C | C | A | A | C | C | D | D | C | A | D |
| 1.000 | A | D | C | A | B | C | C | D | D | A | C | A | B | D | C | A | C | D | C | C |
| 2.000 | D | A | C | A | C | A | D | D | C | D | C | A | C | A | B | B | C | B | B | C |
| 4.000 | B | B | A | C | C | D | D | A | C | D | C | C | A | B | A | C | D | A | C | B |
| 8.000 | A | B | D | D | C | B | C | A | A | A | D | D | C | D | C | D | A | C | D | A |
| 16.000 | D | C | D | C | D | A | B | D | C | C | A | B | B | D | B | A | C | D | A | D |
| 32.000 | D | D | A | B | A | D | C | D | A | C | D | C | A | C | A | C | A | A | C | A |
| 64.000 | A | A | C | A | C | B | A | C | B | B | C | C | B | A | C | B | C | C | C | A |
| 125.000 | B | D | B | C | B | B | D | D | C | A | C | A | D | B | C | A | B | C | B | D |
| 500.000 | A | C | D | C | B | C | C | A | C | C | D | C | C | D | C | D | D | D | A | C |
| 1.000.000 | C | D | B | D | C | C | A | A | A | D | A | B | A | A | B | B | A | D | D | A |

| Euro \ Blatt | 81 | 82 | 83 | 84 | 85 | 86 | 87 | 88 | 89 | 90 | 91 | 92 | 93 | 94 | 95 | 96 | 97 | 98 | 99 | 100 |
|---|---|---|---|---|---|---|---|---|---|---|---|---|---|---|---|---|---|---|---|---|
| 50 | A | D | B | D | C | A | A | C | A | B | D | B | A | C | D | A | C | B | A | D |
| 100 | C | C | B | B | D | D | A | B | B | C | A | D | B | D | A | D | D | C | A | C |
| 200 | A | B | C | D | C | B | C | A | C | C | A | B | D | A | C | A | C | C | D | A |
| 300 | B | A | B | B | C | C | D | A | D | C | B | A | D | C | A | B | A | D | A | B |
| 500 | D | C | D | D | C | C | A | C | A | B | D | D | A | D | B | C | A | D | A | D |
| 1.000 | A | A | B | A | A | D | C | D | C | A | D | C | A | B | B | A | C | C | A | D |
| 2.000 | B | C | B | C | D | A | B | B | D | C | A | D | D | B | D | D | A | C | B | B |
| 4.000 | A | D | C | D | A | B | C | D | B | A | D | C | A | D | A | B | D | D | C | B |
| 8.000 | C | A | D | A | C | C | A | C | B | D | B | C | D | D | C | A | B | A | C | A |
| 16.000 | C | B | B | A | A | D | C | A | C | A | C | A | D | C | C | B | A | B | C | B |
| 32.000 | A | C | D | C | D | A | B | C | B | A | A | C | D | A | C | B | B | B | D | B |
| 64.000 | D | A | B | D | A | D | D | C | A | C | A | B | B | D | C | D | A | D | D | B |
| 125.000 | A | D | B | B | C | A | D | A | D | C | D | D | C | B | A | C | B | A | D | D |
| 500.000 | D | A | A | C | D | D | C | D | A | B | A | A | B | A | C | B | B | D | D | C |
| 1.000.000 | A | A | A | A | B | C | B | A | A | D | B | D | C | D | C | D | C | C | A | D |

| Euro \ Blatt | 101 | 102 | 103 | 104 | 105 | 106 | 107 | 108 | 109 | 110 | 111 | 112 | 113 | 114 | 115 | 116 | 117 | 118 | 119 | 120 |
|---|---|---|---|---|---|---|---|---|---|---|---|---|---|---|---|---|---|---|---|---|
| 50 | C | B | A | D | D | D | A | D | A | C | C | B | D | C | B | C | A | C | D | A |
| 100 | A | C | B | B | A | B | A | B | A | D | C | A | A | D | C | D | D | D | D | A |
| 200 | C | B | D | C | A | B | C | A | C | A | B | B | C | B | C | A | B | A | B | C |
| 300 | B | C | A | A | C | B | C | D | B | C | D | B | A | A | B | B | C | B | C | C |
| 500 | D | A | A | B | C | B | D | A | D | A | C | B | B | C | A | B | D | D | D | A |
| 1.000 | C | D | A | C | D | C | D | A | C | D | A | C | D | A | A | C | C | C | D | D |
| 2.000 | C | A | D | B | D | A | B | C | D | A | D | A | A | A | D | A | B | D | A | C |
| 4.000 | B | B | C | A | B | A | C | D | A | C | B | C | B | A | C | C | B | A | B | D |
| 8.000 | B | C | A | D | B | D | C | D | D | B | D | B | C | D | D | B | A | A | B | B |
| 16.000 | A | D | B | C | B | C | D | A | D | B | A | B | A | B | B | D | A | D | C | B |
| 32.000 | C | B | B | D | A | C | D | B | A | A | B | A | A | C | D | A | C | C | C | C |
| 64.000 | B | A | D | D | B | A | B | B | D | C | A | A | D | C | A | B | B | B | A | B |
| 125.000 | B | B | A | B | C | B | A | B | A | B | A | A | A | C | D | C | C | D | C | D |
| 500.000 | C | D | A | D | A | C | B | A | D | B | B | B | D | A | C | B | C | A | D | D |
| 1.000.000 | C | A | B | D | A | A | B | A | B | C | A | D | C | B | C | D | B | C | C | C |

# LÖSUNGEN



| Euro \ Blatt | 121 | 122 | 123 | 124 | 125 | 126 | 127 | 128 | 129 | 130 | 131 | 132 | 133 | 134 | 135 | 136 | 137 | 138 | 139 | 140 |
|---|---|---|---|---|---|---|---|---|---|---|---|---|---|---|---|---|---|---|---|---|
| 50 | C | A | D | C | A | A | C | A | B | C | C | C | A | D | C | C | B | D | B | C |
| 100 | C | A | D | D | C | C | C | B | C | D | D | A | C | C | C | D | B | C | B | A |
| 200 | D | B | B | A | B | A | C | D | A | D | B | C | C | B | C | B | D | D | C | C |
| 300 | A | B | B | B | D | B | A | C | B | B | B | C | D | B | C | D | D | C | B | D |
| 500 | D | D | A | C | A | A | A | B | C | C | C | B | A | B | C | A | B | A | A | B |
| 1.000 | B | A | A | C | D | B | A | B | B | A | C | A | D | B | D | C | B | B | B | C |
| 2.000 | D | A | B | B | B | D | A | C | A | B | C | D | D | D | A | A | D | B | C | B |
| 4.000 | C | D | B | A | D | D | B | C | C | C | B | B | C | A | A | B | C | D | A | A |
| 8.000 | D | C | C | B | C | A | B | A | D | B | B | A | B | B | D | B | B | B | B | C |
| 16.000 | A | B | A | B | C | B | D | B | C | D | D | D | A | C | C | B | A | B | D | D |
| 32.000 | C | D | A | D | D | D | B | A | D | A | A | B | D | A | D | D | A | A | A | C |
| 64.000 | A | C | B | C | A | C | C | D | B | C | C | C | C | A | B | C | D | C | A | A |
| 125.000 | A | C | A | D | C | B | A | C | B | D | C | C | D | C | D | B | A | D | D | A |
| 500.000 | C | A | B | A | B | B | C | B | C | B | B | C | A | C | B | B | D | C | A | A |
| 1.000.000 | C | B | D | D | D | B | A | B | A | B | B | B | C | B | D | B | B | C | D | D |

| Euro \ Blatt | 141 | 142 | 143 | 144 | 145 | 146 | 147 | 148 | 149 | 150 | 151 | 152 | 153 | 154 | 155 | 156 | 157 | 158 | 159 | 160 |
|---|---|---|---|---|---|---|---|---|---|---|---|---|---|---|---|---|---|---|---|---|
| 50 | B | C | B | C | B | A | B | D | A | B | A | B | C | B | B | D | C | D | B | D |
| 100 | B | A | D | D | A | A | B | B | D | A | B | B | B | A | B | C | A | B | B | A |
| 200 | C | C | C | C | D | B | D | A | D | A | B | A | B | B | A | B | B | D | A | C |
| 300 | B | C | A | B | C | A | D | C | A | A | D | D | B | D | C | B | C | D | D | D |
| 500 | A | D | B | D | D | A | B | B | C | B | B | D | D | D | B | B | B | A | A | A |
| 1.000 | D | D | C | A | C | D | A | A | B | B | B | C | A | A | A | D | B | D | A | C |
| 2.000 | C | B | D | A | B | B | C | A | A | B | A | A | B | D | A | D | B | B | C | C |
| 4.000 | D | B | D | B | D | D | D | B | D | B | A | C | C | B | D | D | A | A | D | B |
| 8.000 | C | B | B | D | B | D | A | A | B | B | B | B | D | B | D | B | A | B | D | D |
| 16.000 | D | D | B | D | C | C | D | A | D | B | C | A | B | B | B | B | C | B | C | A |
| 32.000 | B | A | A | B | B | C | B | A | C | A | A | A | A | D | B | D | A | A | A | D |
| 64.000 | A | A | B | C | D | B | C | C | B | B | D | B | D | A | C | C | A | B | D | B |
| 125.000 | B | A | B | B | B | C | B | D | B | A | D | A | A | A | B | C | D | C | B | B |
| 500.000 | B | D | D | D | A | A | A | A | B | D | A | D | B | C | A | B | A | A | A | C |
| 1.000.000 | C | C | A | B | B | C | D | B | D | A | B | B | C | B | C | C | B | D | A | D |

## Meine Leistungskurve

Trage deine Fehleranzahl ein und verbinde die Punkte zu einem Graphen.

**KOPFRECHEN CHAMPION**

Name

50 €
A B C D

100 €
A B C D

200 €
A B C D

300 €
A B C D

500 €
A B C D

1.000 €
A B C D

2.000 €
A B C D

4.000 €
A B C D

8.000 €
A B C D

16.000 €
A B C D

32.000 €
A B C D

64.000 €
A B C D

125.000 €
A B C D

500.000 €
A B C D

1.000.000 €
A B C D

BRIGG VERLAG F.-J. Büchler KG

# Ihr Pädagogik-Partner!

BRIGG VERLAG F.-J. Büchler KG

Michael Tschakert

**Zeichnen in der Sekundarstufe**

60 S., DIN A4, farbig,
Best Practice
**Best.-Nr. 194**

Praktisch erprobte Materialien zum Thema Zeichnen! Dieser Band bietet **25 ansprechende Themen**, die mit den gängigen Arbeitsmitteln bearbeitet werden können. **Hilfestellungen für unbegabte Schüler**, Tipps vom Profi, die Formulierung der Unterrichtsziele, Hintergrundinformationen und Kopiervorlagen für einzelne Stundenthemen runden diesen Praxisband ab. Bestens geeignet für Lehrkräfte mit geringen Vorkenntnissen, aber auch **als Ideengeber** für erfahrene Kunstlehrkräfte.

Michael Tschakert

**Malerei in der Sekundarstufe**

56 S., DIN A4, farbig,
Best Practice
**Best.-Nr. 195**

Mit diesem Buch können Sie auch **mit geringen Vorkenntnissen** und in sehr kurzer Zeit Kunststunden vorbereiten. Der Band bietet 25 neue, praktisch erprobte Themen für ca. 100 Schulstunden, die mit den gängigen Arbeitsmitteln bearbeitet werden können. **Schülerbilder in Farbe**, Hilfen für unbegabtere Schüler, **Kopiervorlagen** und Tipps vom Profi.

Michael Tschakert

**Linolschnitt ohne Presse in der Sekundarstufe**

88 S., DIN A4, farbig,
Best Practice
**Best.-Nr. 196**

Dieser Band zeigt, wie die **vielfältig anwendbare Technik** des Linolschnitts im Kunstunterricht erfolgreich eingesetzt wird. Die gut ausgewählten Motive wie z. B. Tiere, Pflanzen, Sport, Comic oder Jugendkultur motivieren die Schüler/-innen zu eigenen Arbeiten. **Bestens geeignet für Lehrkräfte mit geringen Vorkenntnissen**, aber auch als **Ideenfundgrube** für erfahrene Kunstlehrer/-innen.

Michael Tschakert

**Thema Mensch in der Sekundarstufe**

104 S., DIN A4, farbig,
Best Practice
**Best.-Nr. 197**

Dieser Band der beliebten Kunst-Reihe liefert Ihnen 20 neue, zeitgemäße und Schüler/-innen ansprechende Unterrichtssequenzen zum Thema Mensch. Die **praktisch erprobten Themen** werden in klar strukturierten Stundenbildern, vielen Schülerarbeiten zur Veranschaulichung sowie zahlreichen Kopiervorlagen aufbereitet. **Sofort umsetzbare Unterrichtsstunden** auch für fachfremd unterrichtende Lehrkräfte!

## Bestellcoupon

Ja, bitte senden Sie mir / uns mit Rechnung

_____Expl. Best.-Nr. ____________________

_____Expl. Best.-Nr. ____________________

_____Expl. Best.-Nr. ____________________

Meine Anschrift lautet:

Name / Vorname

Straße

PLZ / Ort

E-Mail

Datum/Unterschrift    Telefon (für Rückfragen)

Bitte kopieren und einsenden/faxen an:

**Brigg Verlag**
**Franz-Josef Büchler KG**
**Beilingerstr. 21**
**86316 Friedberg**

Bequem bestellen per Telefon / Fax:
Tel.: 0 89/61 38 71 27
Fax: 0 89/61 38 71 20
Online: www.brigg-verlag.de